時尚爪珠皮革

手作個人風皮革小物

水谷研吾 監修

三悅文化

Contents
目錄

32 實作範例

紙 型

Introduction
序

安裝爪珠是相當受歡迎的皮革工藝裝飾手法之一，根據作法的不同，無論創作男仕或女仕皮件作品都很適合採用。本書係由廣泛創作爪珠作品的設計師水谷研吾監修，將透過書中介紹的 8 款作法簡單、連初學者都能輕鬆完成製作的爪珠作品，詳盡解說以爪珠為裝飾的作品製作技巧。爪珠尺寸小至 3mm，安裝時需要相當細膩的技巧，建議循序漸進地挑戰難度越來越高的作品以磨練安裝技術。

Bracelet

Key holder 1

ITEM 02　鑰匙圈 1　　　　　　P.42

Fastener pouch

ITEM 05　拉鍊式隨身包　　　P.78

Key holder 2

Card case

ITEM 06　卡片夾　　　　　　　　　　**P.96**

Bell

Tote bag

ITEM 07　托特包　　　　　　　　　　P.114

Cap holder

ITEM 03　杯套　　　　　　　　　P.54

爪珠的基本安裝技巧

介紹爪珠的基本安裝方法。爪珠大小與形狀各不相同，但安裝方法基本上大同小異。一旦安裝孔稍微偏離位置，對於圖案將造成重大的影響，因此安裝前需正確地鑿上安裝孔。除此之外，釘腳的摺彎方式也有好幾種，由此可見，正確地摺彎爪珠釘腳是完成漂亮圖案的重要關鍵。建議先利用零頭皮料等多加練習，以便隨心所欲地正確安裝爪珠，而不是一開始就冒然地往作品的皮料上鑿安裝孔。

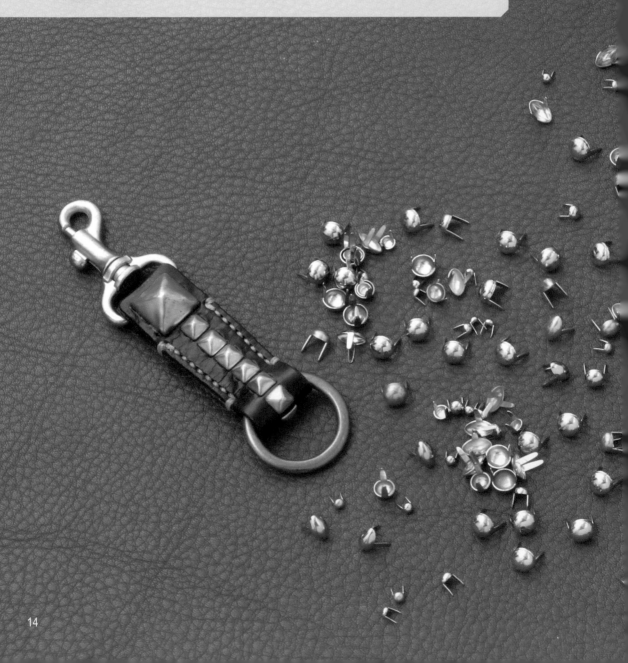

本書中使用的爪珠類型

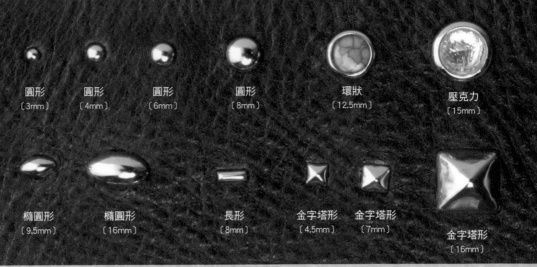

圓形
〔3mm〕

圓形
〔4mm〕

圓形
〔6mm〕

圓形
〔8mm〕

環狀
〔12.5mm〕

壓克力
〔15mm〕

橢圓形
〔9.5mm〕

橢圓形
〔16mm〕

長形
〔8mm〕

金字塔形
〔4.5mm〕

金字塔形
〔7mm〕

金字塔形
〔16mm〕

常見的爪珠類型

爪珠的基本安裝技巧

本書中稱為爪珠的金屬製零件，又稱飾釘、爪釘，名稱因廠牌而不同。書中使用美國 Standard Rivet 公司製造，名為 Spots 的爪珠。混用各種名稱時易造成混淆，因此，本書中統一稱之為爪珠。

安裝爪珠時，基本上，必須將爪珠底下的釘腳，由皮料表面插入安裝孔，釘腳穿出皮料背面後，摺彎釘腳以固定住爪珠。由於爪珠的釘腳尖銳無比，僅僅摺彎釘腳還是很危險，因此，必須安裝至釘腳深深地嵌入皮料背面。此外，固定爪珠後黏貼防護片，即可避免釘腳露在外面。

安裝爪珠時，可能因皮革厚度不同而出現釘腳不夠長而無法順利安裝等情形，因此，必須依據皮料厚度，準備釘腳長度適中的爪珠。

鑿安裝孔是安裝爪珠時至為重要的步驟，建議確實掌握釘腳間距等安裝訣竅後，再於實際製作時運用。熟悉安裝爪珠技巧前，易因為安裝孔間距太大或太小，出現無法順利地安裝等情形。只要多加練習，確實地掌握要領後，任何人都能順利地安裝爪珠，完成漂亮的圖案。

工具　安裝爪珠的主要工具

本單元中介紹的都是安裝爪珠時的主要、必要工具。由於工匠們使用的工具各不相同，因此本單元中以本書監修者水谷用於安裝爪珠的工具為實例作介紹，還請海涵。

鑿子

鑿爪珠安裝孔的工具。水谷使用的是製作模型與一字型螺絲刀加工改造而成的鑿子，主要尺寸為 1.5mm、2mm、3mm。

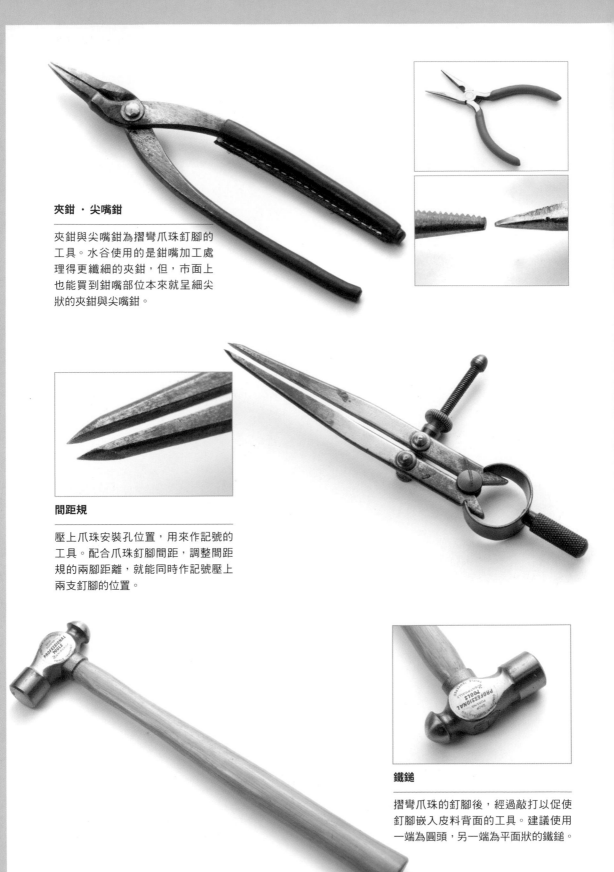

夾鉗・尖嘴鉗

夾鉗與尖嘴鉗為摺彎爪珠釘腳的
工具。水谷使用的是鉗嘴加工處
理得更纖細的夾鉗，但，市面上
也能買到鉗嘴部位本來就呈細尖
狀的夾鉗與尖嘴鉗。

間距規

壓上爪珠安裝孔位置，用來作記號的
工具。配合爪珠釘腳間距，調整間距
規的兩腳距離，就能同時作記號壓上
兩支釘腳的位置。

鐵鎚

摺彎爪珠的釘腳後，經過敲打以促使
釘腳嵌入皮料背面的工具。建議使用
一端為圓頭，另一端為平面狀的鐵鎚。

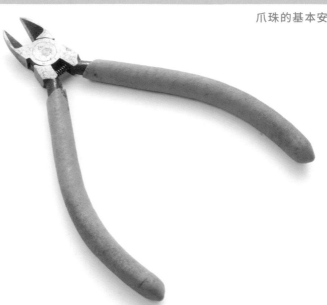

斜嘴鉗

釘腳太長時的修剪工具，亦可用於拔除未成功安裝的爪珠。

橡膠板

促使爪珠嵌入肉面層（皮革背面）時，鋪墊在皮料底下，以避免爪珠受損或凹陷的工具。安裝壓克力材質的爪珠時，皮料底下亦可鋪墊。

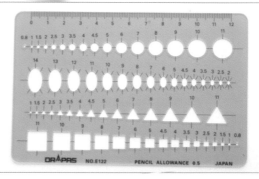

型版

製作圖案的工具。依據使用的爪珠大小選擇孔洞後，依序決定配置。

便利工具

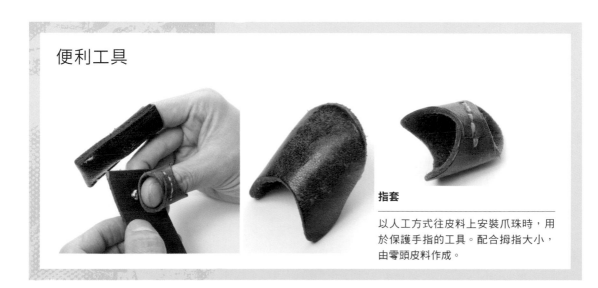

指套

以人工方式往皮料上安裝爪珠時，用於保護手指的工具。配合拇指大小，由零頭皮料作成。

安裝方法

爪珠的基本安裝方法

解說爪珠的基本安裝方法，與簡單的爪珠圖案作法。正確地安裝每一個爪珠，就能正確地表現圖案。掌握安裝訣竅，將爪珠安裝在最理想的位置吧！

正確安裝的圓形爪珠。看不出安裝孔，爪珠確實服貼在皮料表面上。

基本安裝方法

解說爪珠基本安裝方法。鑿安裝孔的方向一致，更清楚地看出爪珠的安裝位置。

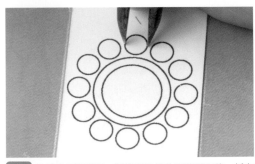

1 依爪珠釘腳間距，調整間距規的兩腳間距後，抵在圖案的線條上。決定釘腳位置後，以間距規尖端壓上記號。

2 使用刀刃寬度幾乎與爪珠釘腳寬度相同的鑿子。

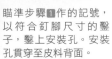

3 瞄準步驟 **1** 作的記號，以符合釘腳尺寸的鑿子，鑿上安裝孔。安裝孔貫穿至皮料背面。

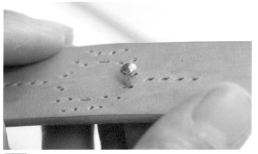

| 4 | 將爪珠的兩支釘腳插入安裝孔。安裝孔的適當距離請參照下一個項目。 |

| 5 | 確實插入爪珠後,確認一下釘腳穿出皮料背面的情形。釘腳穿出情形與彎摺方法,請參照 p.22 以下的部分。 |

安裝孔間距與釘腳間距

安裝孔間距與釘腳間距必須吻合,才能確實地安裝爪珠。一起來看看最容易發生的幾種情形吧!

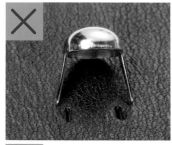

■ 釘腳筆直插入安裝孔

釘腳間距大於安裝孔間距的狀態下安裝爪珠,結果如圖中所示,出現爪珠傾斜,無法確實服貼皮料表面的情形。

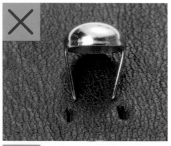

安裝孔間距與釘腳間距確實吻合,安裝後爪珠緊密貼合皮料表面的情形。

釘腳間距小於安裝孔間距的狀態下安裝爪珠,釘腳無法完全插入安裝孔,爪珠浮出皮料表面的情形。

■ 安裝孔間距必須正確

安裝爪珠時，可能因為鑿孔位置不正確，出現安裝孔間距與釘腳間距不吻合情形。安裝孔間距太大，而釘腳間距太小時，出現相同的情形。

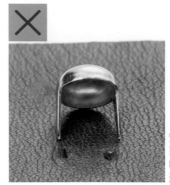

安裝孔間距太小，而釘腳間距太大時，出現相同的情形。

■ 安裝孔間距與釘腳的穿出情形

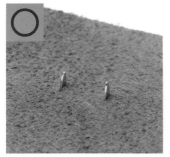

安裝孔間距適中，釘腳如圖筆直地穿出皮料背面。

安裝孔間距太大，釘腳如圖朝著外側穿出而比較短。

安裝孔間距太小，釘腳如圖朝著內側穿出而比較短。

釘腳穿出情形與摺彎方法

釘腳穿出皮料背面的長度，因爪珠種類與安裝的皮料厚度而不同。本單元中將透過以下三種釘腳穿出情形，詳細解說釘腳的基本摺彎方法。

釘腳穿出長度以 3mm 左右為標準。

穿出約 4mm，釘腳偏長時。

穿出約 5mm，釘腳太長時。

■ 穿出長度符合標準的釘腳摺彎方法

1 長 3mm 左右，穿出長度符合標準的狀態。

2 確認釘腳筆直地穿出。

3 夾鉗或鐵鉗儘量夾住釘腳基部，邊微微地往上拉，邊往內摺彎釘腳。

4 步驟3摺彎釘腳後的狀態。

5 由步驟4的狀態，夾住釘腳尾端後，將釘腳尾端往下摺。

6 步驟5摺彎釘腳後，如圖中所示，將釘腳尾端往下摺。另一側釘腳也摺成相同狀態。

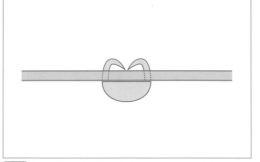

7 如圖所示，摺彎爪珠的釘腳尾端，彷彿釘腳尖端嵌入皮料般地去摺彎吧！

8 確實摺彎釘腳後，以鐵鎚的圓頭，敲打釘腳與釘腳之間部位，促使釘腳尖端嵌入皮料背面。

9 以鐵鎚的圓頭敲打後，釘腳尖端確實嵌入皮料背面的狀態。

10 最後，以鐵鎚的平面側敲扁釘腳，將爪珠的背面儘量敲打成平面狀。

11 除釘腳尖端外，連釘腳本身都確實地嵌入皮料背面。

以鐵鎚敲打釘腳促使嵌入皮料時若下手太重，即便底下鋪著橡膠板，還是可能將爪珠敲成圖中狀態。

■ 釘腳偏長時的摺彎方法

1 　釘腳穿出約 4mm 的狀態。

2 　確認兩支釘腳筆直地穿出。

3 　夾住釘腳尾端後摺彎。

4 　接著夾住釘腳基部，繞一圈似地摺彎釘腳。

手拿夾鉗，確認步驟4的摺彎動作。先於此狀態下夾住釘腳基部。

確實夾住釘腳基部後，扭轉手腕，大幅度轉動夾鉗以摺彎釘腳。

5 釘腳呈捲曲狀態，尖端朝著皮料背面。

6 以相同要領摺彎兩側釘腳。此時，釘腳尖端已經嵌入皮料相當深度。

7 不使用鐵鎚的圓頭，只以平面側敲打，促使釘腳嵌入皮料。

8 透過敲打促使釘腳確實嵌入皮料至圖中狀態。

■ 釘腳太長時的摺彎方法

1 穿出長度達 5mm 以上，釘腳太長的狀態。

2 以斜嘴鉗修剪掉加工處理成三角形的釘腳尾端部位。

3 將釘腳尾端部位修剪成圖中狀態。

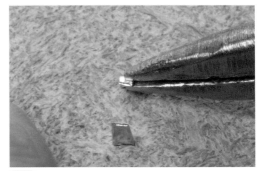

4 兩支釘腳尾端都修剪後，夾住尾端，摺彎釘腳。

5 步驟4摺彎釘腳後即呈現圖中狀態。

6 夾住釘腳基部，邊往上拉，邊摺彎釘腳。

7 將釘腳摺彎成圖中狀態。

8 摺彎兩支釘腳後的狀態。若釘腳未修剪，摺彎後可能出現釘腳相互碰觸的情形。

9　以鐵鎚的圓頭敲打摺彎後部位，促使釘腳嵌入皮料。

10　最後，以鐵鎚的平面側敲打，促使釘腳完全嵌入皮料裡。

11　處理至釘腳完全嵌入皮料，觸摸時不會刮到手的狀態。

需要相當程度的經驗與練習才能熟練地摺彎釘腳

釘腳穿出部分太短時，必須夾住基部附近，邊由表側按壓爪珠，邊捲繞釘腳似地，一次就摺彎釘腳。使用哪一種技巧都能夠順利地摺彎釘腳，但必須多加練習。

■ 摺彎釘腳的失敗例

1　未朝著皮料方向摺彎釘腳，釘腳尾端浮出皮料表面就很危險。

2　未確實地摺彎釘腳尾端，釘腳太長，摺彎後重疊在一起。

3　釘腳摺彎成斜斜的狀態。處理成此狀態後依然以鐵鎚敲打，易因釘腳浮起而無法確實地嵌入皮料裡。

試著製作原創圖案吧!

本單元將介紹以爪珠表現手繪插畫的
方法。從簡單的圖案開始創作,慢慢
地提昇技巧後,再挑戰較高難度的圖
案吧!

1 描繪基本插畫圖案。決定圖案尺寸時,充分考量
爪珠大小等。

2 基本的插畫圖案。先從簡單的圖案開始創作起。

3 將爪珠抵在插畫圖案上,周延考量各部位使用的
爪珠大小與形狀。

4 插畫圖案上鋪一張描圖紙。

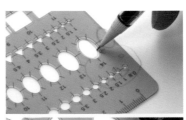

5 描圖紙上擺放
型版,依據爪
珠大小與形
狀,分別描上
圖形。

6 以圓形爪珠與橢圓形爪珠，表現描圖紙上的插畫圖案。

7 對齊爪珠的安裝位置，將描繪著插畫圖案的描圖紙擺在皮料上。

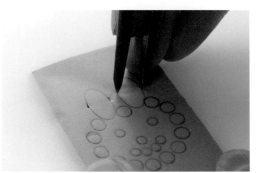

8 利用間距規作記號，分別壓上爪珠的釘腳位置。

9 確認每一個爪珠的釘腳位置都確實地作上記號。

10 拿掉描圖紙後，皮料表面佈滿記號的狀態。

11 瞄準間距規作的記號，以適當尺寸的鑿子，鑿上爪珠安裝孔。

12 鑿好爪珠安裝孔後的狀態。

13 將爪珠依序插入安裝孔。

14 摺彎釘腳以固定住爪珠，以鐵鎚敲打，促使釘腳嵌入皮料裡。

15 依序安裝剩下的爪珠。

16 由繪製插畫到完成爪珠圖案。創作圖案的難度，會隨著爪珠的種類增加等而升高。

實作範例

本單元起將透過實作範例，詳盡地解說以爪珠為裝飾，原創皮革小物製作方法。考量圖案的複雜程度與作品的難易度等，書中係依據作品難易度排列，由 ITEM 01 介紹至 ITEM 08，但事實上，學會基本技巧後，從哪一款作品開始製作皆可。安裝爪珠是需要全神貫注的作業，建議安裝過程中避免分心，不疾不徐地慢慢完成作品。

手環

並排安裝金字塔形爪珠,造型簡單素雅的手環。改變手環寬度與爪珠大小,即可完成男女皆適用的作品,完成兩件作品後配成一對也很經典。再者,使用不同形狀的爪珠,也能大幅地拓展製作範疇。

Bracelet

Parts 材　料　　使用質地強韌耐用又稍具厚度的皮料吧!

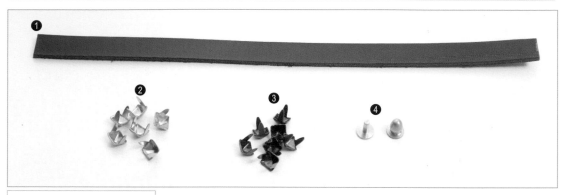

❶ 本體：植鞣牛皮／2.5mm厚
❷ 金字塔形爪珠：黃銅色・7mm×7
❸ 金字塔形爪珠：青古銅色・7mm×6
❹ 原子釦：嵌入式／直徑 7mm

Tools 工　具　　必須準備尺寸適中的原子釦安裝工具。

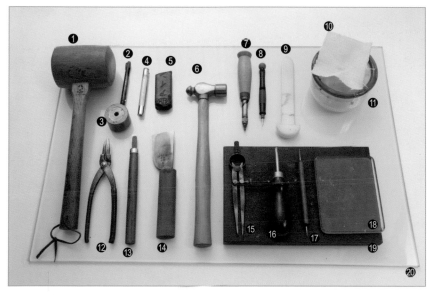

❶ 木槌
❷ 圓斬：15 號(直徑 4.5mm)
❸ 環狀台
❹ 固定釦斬
❺ 蠟
❻ 鐵鎚
❼ 螺釘沖頭
❽ 鑿子：2mm
❾ 三用磨緣器
❿ 帆布
⓫ CMC
⓬ 夾鉗
⓭ 雕刻刀：平
⓮ 裁皮刀
⓯ 間距規
⓰ 削邊器
⓱ 鐵筆
⓲ 玻璃板
⓳ 橡膠板
⓴ 塑膠板
※ 其他
　・砂紙・菱錐

打磨本體皮料的肉面層

直接使用皮料的肉面層,因此,安裝爪珠前以CMC依序打磨。

1 以 CMC 打磨手環本體皮料的肉面層。利用上過蠟的帆布,確實地打磨。

2 再利用玻璃板,將皮料表面打磨得更細緻。

3 手環皮料的肉面層為接觸肌膚的部分,因此必須打磨得很細緻。

鑿爪珠安裝孔

依據紙型上的位置,鑿上爪珠與原子釦的安裝孔。鑿爪珠安裝孔時,需留意大小與間隔。

1 對應紙型在本體皮料的皮面層上也作記號,標上原子釦的安裝位置與原子釦孔位置。

Point

依據爪珠尺寸調好間距規,依序作記號壓上釘腳的位置。

2

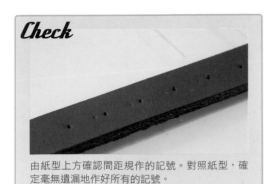

由紙型上方確認間距規作的記號。對照紙型，確定毫無遺漏地作好所有的記號。

3 將鑿子的刀刃部位抵在記號上，確定鑿孔位置。

4 確定鑿孔位置後，用力地貫穿至皮料的肉面層。鑿子端部如右圖般由肉面層穿出即可。

5 將紙型擺在本體皮料的皮面層上，隨時翻起來確認安裝孔是否鑿在正確的位置。

Check

確實鑿上安裝孔後，擺在電燈旁，光線就會穿過安裝孔。建議以這種方式，確認皮料上是否確實地鑿上安裝孔。

鑿好爪珠安裝孔後的狀態。配合紙型，確認安裝孔數。

6

斬打原子釦的安裝孔與原子釦孔

原子釦的安裝孔直徑為2mm。原子釦孔直徑為4.5mm。鑿好原子釦孔後，以雕刻刀劃上切口。

1 瞄準紙型上的位置後斬打安裝孔。使用圖中的螺釘沖頭或圓斬。

2 斬打原子釦孔後，以雕刻刀劃切長約 4mm 的切口。

Check

示範製作的水谷使用圖中的特製工具，一氣呵成地完成原子釦孔與切口。

安裝爪珠

爪珠依序插入事先鑿好的安裝孔。確實插入安裝孔後，摺彎兩支釘腳以固定住爪珠。

1 將爪珠的兩支釘腳確實插入安裝孔。釘腳確實插入安裝孔，爪珠才能插入至底部。

2 確實壓入爪珠，確認釘腳穿出肉面層的長度。

Check

養成戴指套安裝金字塔形爪珠的習慣。

3 摺彎釘腳。釘腳穿出長度約 3mm，因此以最基本的 2 階段摺彎法處理釘腳。

4 以鐵鎚的圓頭敲打釘腳，促使釘腳尖端嵌入皮料裡。

安裝爪珠後的狀態。以相同要領依序安裝剩下的爪珠。

5

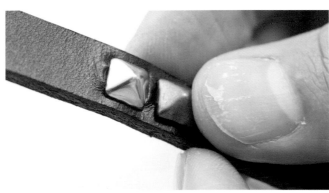

改變爪珠顏色，間隔一孔，交互安裝不同顏色的爪珠。

6

7 完成所有的爪珠安裝後情形。

8 以鐵鎚的平面側敲打釘腳，促使完全嵌入皮料裡。

安裝原子釦

原子釦可大致分成嵌入式與旋入式兩種。這回使用嵌入式原子釦，安裝時使用固定釦斬。

由肉面層側，將俗稱底釦、可由皮料背面鉚合原子釦的零件，插入安裝孔。

2 底釦的釦腳穿出肉面層後，將原子釦蓋在端部。

3 將原子釦擺在環狀台上，敲打固定釦斬後安裝固定住。

4 安裝原子釦後，用手轉動看看，無法轉動即表示原子釦已確實安裝得很牢固。

Check

將原子釦插入釦孔，確實地扣住。剛使用時會有點緊，之後會漸漸呈現鬆緊適中狀態。

最後修飾

打磨邊緣完成最後修飾。造型簡單的作品，邊緣的加工修飾對於作品完成度影響甚鉅。

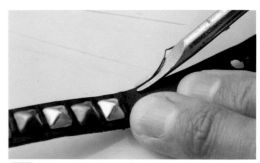

1 以削邊器削除皮料兩面的稜邊。

2 削除稜邊後，以砂紙調整形狀，將皮料邊緣打磨成半圓形。

3 以塗抹 CMC 的帆布打磨皮料邊緣。

4 短邊也別忘了打磨喔！

5 最後，往皮料邊緣塗蠟，進行最後修飾。

確認皮料邊緣確實打磨後即完成
作業。

6

Complete!

並排安裝金字塔形爪珠，造型
簡單素雅的手環。最適合挑戰
爪珠安裝的第一款作品。

41

鑰匙圈 ①

使用活動鉤與圓環，在造型單調的鑰匙圈上，安裝不同尺寸的金字塔形爪珠後，成為外型亮眼無比的鑰匙圈。作品縫合兩邊，因此，改變本體皮料顏色、爪珠與縫合針目的色彩組合，就能完成不同氛圍的作品。

Key holder 1

Parts 材　料　本體為一整片皮料摺疊後作成,避免選用太厚的皮料而無法摺彎成形。

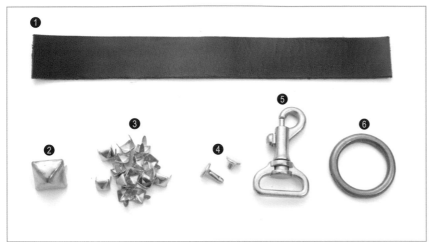

❶ 本體:植鞣牛皮／厚1.5mm
❷ 金字塔形爪珠:黃銅色 16mm × 1
❸ 金字塔形爪珠:黃銅色 7mm × 12
❹ 固定釦:9mm×1
❺ 活動鉤:內徑21mm × 1
❻ 圓環:內徑25mm × 1

Tools 工　具　必須安裝固定釦,因此準備尺寸適中的固定釦斬。

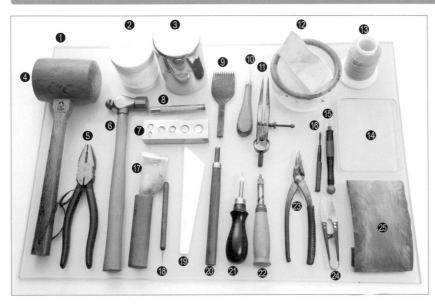

❶ 塑膠板
❷ 白膠
❸ 橡皮膠
❹ 木槌
❺ 鐵鉗
❻ 鐵鎚
❼ 萬用環狀台
❽ 固定釦斬
❾ 菱斬
❿ 菱錐
⓫ 間距規
⓬ 帆布 ・CMC
⓭ 手縫蠟線 ・ 手縫針
⓮ 玻璃板
⓯ 鑿子:2mm
⓰ 鑿子:3mm
⓱ 裁皮刀
⓲ 鐵筆
⓳ 上膠片
⓴ 雕刻刀:圓頭
㉑ 削邊器
㉒ 螺釘沖頭
㉓ 夾鉗
㉔ 線剪
㉕ 砂紙
※ 其他
　・橡膠板

⊠ ⊠

作記號標上金屬配件
安裝位置

於本體皮料的皮面層作記號,標上
安裝爪珠與固定釦的位置。這是順
利安裝爪珠的關鍵。

1 以 CMC 打磨本體皮料的肉面層。

2 利用紙型與間距規,分別於皮料兩側作記號,壓
上 16mm 金字塔形爪珠的安裝孔位置。

3 依序作記號壓上 7mm 金字塔形爪珠的安裝位置。

4 並排安裝 12 個 7mm 爪珠,爪珠間隔必須均等。

爪珠與固定釦的安裝位
置分別作記號後的狀
態。

5

鑿上金屬配件的安裝孔

鑿上固定釦與爪珠的安裝孔。使用尺寸適中的工具，於正確位置鑿上安裝孔。

1 鑿上固定釦安裝孔。因是使用直徑 9mm 的固定釦，配合底釦大小，需鑿上直徑 3mm 的安裝孔。

Point

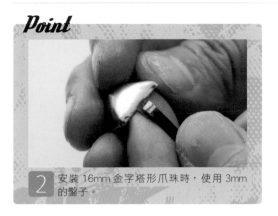

2 安裝 16mm 金字塔形爪珠時，使用 3mm 的鑿子。

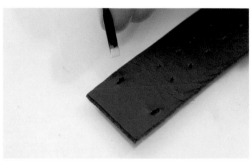

3 16mm 金字塔形爪珠安裝位置，以 3mm 鑿子，鑿上安裝孔。

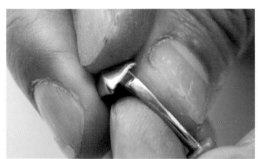

4 以 2mm 鑿子，鑿上 7mm 金字塔形爪珠的安裝孔。鑿爪珠的安裝孔時，將鑿子抵在底釦上，以確認尺寸。

5 瞄準縫孔位置，以菱斬壓上記號。

6 瞄準步驟 5 作的記號，以菱斬打上縫孔。

7 斬打縫孔後的狀態。縫孔打在皮料兩側。

8 由距離端部 20mm 處斜斜地打薄反摺部分（固定釦安裝孔前方）。

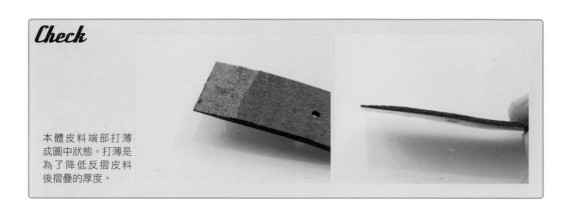

Check

本體皮料端部打薄成圖中狀態。打薄是為了降低反摺皮料後摺疊的厚度。

安裝爪珠

以鑿子鑿上安裝孔後插入爪珠。釘腳穿出長度因皮料厚度而不同，需留意摺彎釘腳的情形。

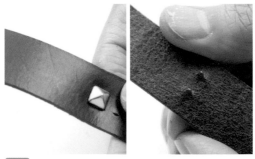

1 將 7mm 金字塔形爪珠的釘腳插入安裝孔，確認釘腳穿出肉面層的長度。

釘腳穿出長度約 3mm，因此以最基本的作法摺彎釘腳。先大致摺彎釘腳的上半部。

2

接著由基部摺彎釘腳，促使先前摺彎的尖端部位確實地嵌入皮料的肉面層。

3

4 另一側的釘腳也以相同要領摺彎成圖中狀態。

5 先以鐵鎚的圓頭敲打，促使釘腳嵌入皮料，再以平面側敲打至釘腳完全嵌入肉面層。

Check

正確地安裝後，就會呈現側面看時完全看不出釘腳的狀態。

6 以相同要領依序安裝 7mm 爪珠。

7 習慣安裝技巧後，即可一氣呵成地完成摺彎釘腳的作業，大幅提昇作業效率。

8 完成 7mm 金字塔形爪珠安裝作業後的狀態。

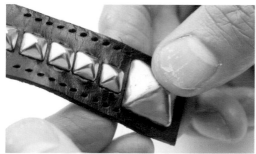

9 安裝 16mm 爪珠。若先安裝 16mm 的爪珠，可能因此而增加安裝 7mm 爪珠的困難度。

10 釘腳太長，但釘腳與釘腳之間的間距夠大，因此，不需要修剪釘腳尾端。

釘腳穿出肉面層後，在 2mm 左右位置摺彎尾端。

11

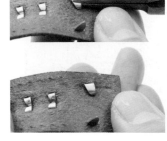

由釘腳基部摺彎，促使釘腳尖端嵌入肉面層。

12

13 兩側釘腳都摺彎後的狀態。

14 以鐵鎚敲打釘腳。以鐵鎚的圓頭、平面側，依序敲打，但安裝 16mm 爪珠時，兩側釘腳必須分別敲打。

本體皮料邊緣的最後修飾

製作這款鑰匙圈前先處理皮料邊緣。邊角部位以雕刻刀削切成圓弧狀，最後修飾效果會更好。

利用雕刻刀，將安裝 16mm 爪珠側的本體邊角部位，削切成圓弧狀。

1

2 以削邊器削切皮面層側的邊緣。

3 以砂紙打磨調整皮料邊緣的形狀，再以沾上 CMC 的帆布打磨皮料。

安裝活動鉤

將活動鉤套入本體皮料後,安裝固定釦。

1 將活動鉤套入本體皮料後,摺起皮料。

2 摺起本體皮料後,將端部對齊最後一個爪珠的釘腳位置,塗抹白膠後貼合皮料。

3 瞄準先前斬打的固定釦安裝孔,於反摺後對齊的位置鑿上安裝孔。

4 將固定釦的底釦插入安裝孔。

Check

底釦穿出另一側的皮面層後,確認尾端長度為3mm 左右。

5 擺好萬用環狀台,敲打固定釦斬,確實鉚合固定釦。

安裝圓環

將圓環套入本體皮料，摺起皮料後
貫穿縫孔。避免縫孔偏離位置。

1 將圓環套入本體皮料。

2 套好圓環後摺起本體皮料。

3 摺起本體皮料後暫時放開，於貼合本體皮料的部
位塗抹橡皮膠。

4 再次摺起本體皮料並貼合皮料。

Point

5 貼合本體皮料後，將菱錐抵在已經斬打在
皮料上的縫孔，確實貫穿縫孔。

Check

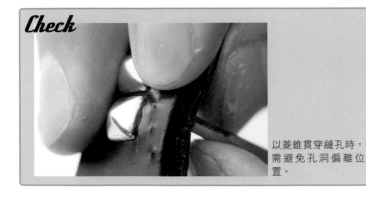

以菱錐貫穿縫孔時，
需避免孔洞偏離位
置。

50

縫合本體

最後，縫合本體。縫合兩端縫孔的
重點為側面必須繞縫2道縫線。

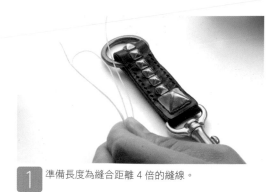

1 準備長度為縫合距離 4 倍的縫線。

2 縫針穿過第一個縫孔後，將兩側縫線調整為相同
長度。

Point

3 調整縫線後，先繞縫皮料的側面。

4 縫線再度繞縫皮料的側面後，於皮料側面縫上兩
道縫線。

5 側面繞縫兩道縫線後，繼續縱向縫合。

Point

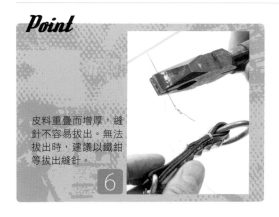

皮料重疊而增厚，縫
針不容易拔出。無法
拔出時，建議以鐵鉗
等拔出縫針。

6

7 縫至最後一個縫孔後的狀態。

8 以縫線繞縫最後一個縫孔的側面。

9 最後一個縫孔的側面也繞縫 2 道線。注意縫線不要交疊，使其成平行狀態。

10 以縫線繞縫側面兩次後，繼續縱向縫合。

11 進行回針縫後，貼近皮面層剪斷縫線。

12 剪斷縫線後，塗抹白膠，固定住線頭。

13 另一側也以相同要領進行縫合。

Complete!

完成圖。建議以雙環取代圓環或兩側安裝活動鉤等，變換造型以大幅拓展作品的製作範疇。

安裝爪珠是相當受歡迎的皮革工藝裝飾手法之一，根據作法的不同，無論創作男仕或女仕皮件作品都很適合採用。本書係由廣泛創作爪珠作品的設計師水谷研吾監修，將透過書中介紹的 8 款作法簡單、連初學者都能輕鬆完成製作的爪珠作品，詳盡解說以爪珠為裝飾的作品製作技巧。爪珠尺寸小至 3mm，安裝時需要相當細膩的技巧，建議循序漸進地挑戰難度越來越高的作品以磨練安裝技術。

ITEM 03

杯套

可套在外帶咖啡杯上的杯套，當然具備隔熱作用，而且置身於人多的場合等等時，還能一眼就能分辨出自己的杯子。以具相當厚度又質地柔軟的皮料完成杯套的話，使用上更方便。依喜好製作不同顏色的杯套吧！

Cup holder

Parts 材　料　本體部分選用質地柔軟的皮料，完成非常合身的杯套。

❶ **本體**：植鞣牛皮・荔枝紋／厚2mm
❷ **圓形爪珠**：12.5mm×2
❸ **橢圓形爪珠**：9mm×16

Tools 工　具　使用粗縫線，顏色隨自己喜好。

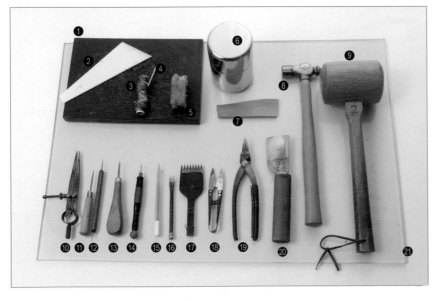

❶ 橡膠板
❷ 上膠片
❸ 手縫線
❹ 手縫針
❺ 手縫蠟
❻ 橡皮膠
❼ 襯墊皮料
❽ 鐵鎚
❾ 木槌
❿ 間距規
⓫ 圓錐
⓬ 鐵筆
⓭ 菱錐
⓮ 鑿子：2mm
⓯ 銀筆
⓰ 圓斬
⓱ 菱斬
⓲ 線剪
⓳ 夾鉗
⓴ 裁皮刀
㉑ 塑膠板

1 以間距規作記號，壓上橢圓形爪珠的釘腳位置。

2 12.5mm 圓形爪珠的釘腳位置也以相同要領壓上記
號。

3 以鐵筆作記號，戳上裝飾針目的縫孔位置。

4 裝飾針目的縫孔位置比較小，使用荔枝紋等皮料
時，可能看不太清楚。

5 事先以銀筆作記號，戳上縫孔位置，以便清楚看
出裝飾針目的縫孔位置。

Check

事先以銀筆作上記號，記號就不會隨著時間而消
失。

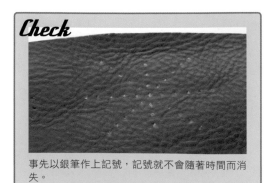

6 利用圓斬於裝飾針目的縫孔位置斬打縫孔。

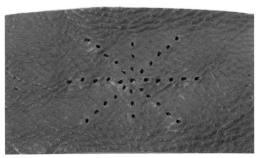

7 斬打裝飾針目的縫孔後的狀態。

鑿爪珠安裝孔

透過紙型描畫記號後，鑿爪珠安裝孔。選用尺寸適中的鑿子。

1 準備符合爪珠釘腳尺寸的鑿子。

2 利用紙型作記號標出爪珠安裝位置後，以鑿子鑿上安裝孔。

3 裝飾針目的縫孔，再加上爪珠安裝孔後的狀態。

縫裝飾針目

縫裝飾針目。建議選用粗一點的縫線會更加醒目。

1 準備長度為縫合距離 3 倍的縫線。

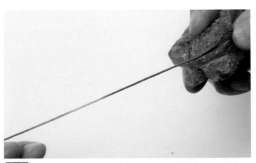

2 此處是使用未上蠟的縫線，因此縫裝飾針目需先過蠟。

Point

3 將縫線的其中一端打結。

4 縫針由圖案中心的縫孔穿出後,朝著尾端的縫孔,依序縫上裝飾針目。十字部分直接進行回針縫。

5 斜斜地排列的針目也一直縫至尾端。

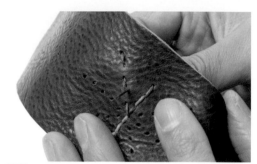

6 縫至尾端後,跳過一個縫孔,進行回針縫。

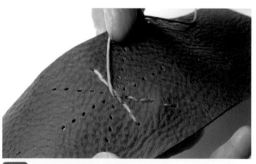

7 中心的縫孔要重複縫上好幾道線,可視狀況需要,邊縫針目、邊擴大縫孔。

8 每一個縫孔都以相同要領依序穿上縫線。

9 縫裝飾針目的終點為正中央的縫孔,因此將縫針穿出皮料背面後處理線頭。

10 完成後的裝飾針目。試著變換出不同的裝飾針目圖案吧!

安裝爪珠

依序插入爪珠。先安裝周圍的橢圓形爪珠，中央的圓形爪珠最後才安裝。

1 將橢圓形爪珠的釘腳依序插入安裝孔。

2 橢圓形爪珠都插入安裝孔後的狀態。由此狀態開始摺彎釘腳，依序固定爪珠。

3 釘腳偏短，捲入釘腳似地，一口氣摺彎。

Check

摺彎釘腳後，確認尖端確實地朝著肉面層。

4 以鐵鎚的圓頭敲打釘腳，促使尖端嵌入肉面層。

5 釘腳尖端嵌入肉面層後，以鐵鎚的平面側，將釘腳敲成平面狀。

6 釘腳敲成平面狀後的狀態。

7 觸摸確認釘腳敲成平面狀後情形，釘腳還會刮手時，再以鐵鎚敲平一點。

8 橢圓形爪珠安裝後的狀態。

9 插入中央的圓形爪珠。

10 翻向背面，確認釘腳穿出情形。

安裝圓形爪珠時，通常以最基本的2階段摺彎法處理釘腳。

11

12 先以鐵鎚敲打圓形爪珠的釘腳，再以鐵鎚的圓頭、平面側依序敲打釘腳。

爪珠安裝作業就此告一段落。

13

14 另一個圖案也以相同要領安裝爪珠。

15 摺彎釘腳後以鐵鎚敲成平面狀。

16 完成所有爪珠的安裝作業。

縫合本體

最後，縫合本體皮料，構成杯套形狀。依據使用的杯子，完成大小適中的杯套。

1 將本體皮料捲套在使用的杯子上，調整至適當位置後完成組裝。

2 維持步驟1位置，以銀筆作記號，標出對齊位置。

3 於疊合後位於下方的皮料上作記號，標出重疊本體皮料的位置，對齊該位置後進行縫合。

4 將間距規調成寬 3mm，沿著疊合後位於上方的本體皮料邊緣畫上縫合線。

61

5 瞄準步驟④描畫的縫合線，以菱斬打上縫孔。

6 塗抹橡皮膠，先塗抹疊合後位於下方的部分，由邊緣塗抹至銀筆畫線處。

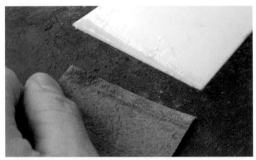

7 塗抹疊合後位於上方的部分，將橡皮膠塗在疊合部位的肉面層上。

8 對齊銀筆畫線處，貼合本體皮料的兩端。

Point

9 準備稍具厚度的皮塊，墊在縫孔的背面側。

10 將菱錐抵住先前斬打的縫孔，以菱錐貫穿縫孔。

11 準備縫線。準備長度為縫合距離4倍的縫線，過蠟後，縫線兩端分別穿上縫針。

12 縫針穿過最上方的縫孔後，以平縫技巧依序縫合。

13 縫至最下方的縫孔後進行回針縫。

14 縫至終點後,將縫線穿出背面側處理線頭。

完成圖。改變爪珠、裝飾針目的顏色或圖
案,精心挑選皮料顏色,試著完成獨一無
二的專屬杯套吧!

ITEM 04

鑰匙圈②

以壓克力爪珠為主，外型華麗無比的鑰匙圈。適合掛在皮帶上的類型，安裝部位使用牛仔釦，鉤掛鑰匙部位使用活動鉤，使用起來很方便的造型。壓克力爪珠顏色豐富多元，建議依喜好選搭。

Key holder 2

Parts 材　料　皮料厚度約 3mm，以越用越順手的植鞣牛皮，完成堅固耐用的鑰匙圈。

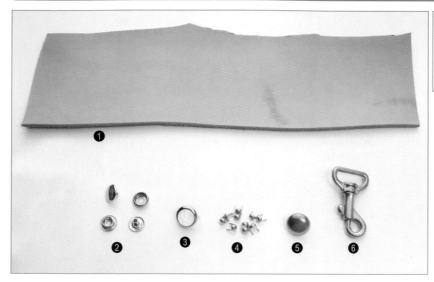

❶ 本體：植鞣牛皮／厚3mm
❷ 牛仔釦：中×1
❸ 壓克力爪珠：15mm×1
❹ 圓形爪珠：3mm×12
❺ 圓形爪珠：16mm×1
❻ 活動鉤：內徑21mm×1

Tools 工　具　裝飾針目部分使用粗縫線，顏色依喜好。

❶ 木槌
❷ CMC
❸ 美工刀
❹ 橡膠板
❺ 襯墊皮料
❻ 壓叉器
❼ 剪刀
❽ 間距規
❾ 小型刨刀
❿ 帆布
⓫ 夾鉗
⓬ 裁皮刀
⓭ 玻璃板
⓮ 蠟
⓯ 萬用環狀台
⓰ 螺釘沖頭
⓱ 削邊器
⓲ 牛仔釦斬
⓳ 菊花斬
⓴ 圓斬：40 號(直徑 12mm)‧
　 50 號(直徑 15mm)
㉑ 鑿子：2mm‧3mm
㉒ 圓錐
㉓ 銀筆
㉔ 菱斬
㉕ 砂紙
㉖ 鑷子
㉗ 游標尺
㉘ 鐵鎚
㉙ 塑膠板

※其他：
‧裝飾針目用線‧墊片‧鋁箔

將紙型上的記號
描到皮面層上

皮料的皮面層上分別描畫鑰匙圈
本體形狀、爪珠與牛仔釦的安裝
位置。

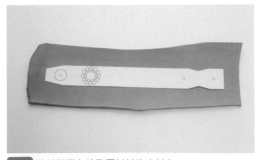

1 將紙型擺在鑰匙圈材料的皮料上。

2 銀筆沿著紙型周圍,將本體形狀描在皮面層上。

利用間距規,作記號壓上爪珠的釘腳位置。

3

4 於正中央作記號,標出牛仔釦安裝位置。

避免記號偏離位置,隨時翻起紙型確認狀況。

5

6 以菱斬作記號,壓上縫裝飾針目的位置。

7 取下紙型,確認毫無遺漏地作上記號。

本體皮料的裁切與加工

裁切本體部位的皮料後，打薄摺彎部位。最後斬打牛仔釦安裝孔。

1 以美工刀沿著規尺裁切直線部位。

2 利用裁皮刀，以壓切方式，裁切摺彎後安裝活動鉤的凹處。

3 裁切本體皮料後，配合紙型，確認是否正確地裁切。

Point

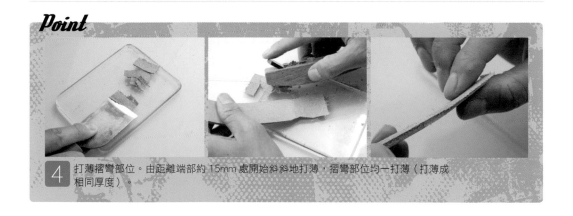

4 打薄摺彎部位。由距離端部約 15mm 處開始斜斜地打薄，摺彎部位均一打薄（打薄成相同厚度）。

利用螺釘沖頭，瞄準牛仔釦安裝位置，斬打直徑 3mm 的安裝孔。

5

6 總共斬打 3 個牛仔釦安裝孔。完成本體部位的前置作業。

鑿爪珠安裝孔

修飾本體的肉面層與皮料邊緣，鑿上爪珠安裝孔。

1 以沾上 CMC 的帆布打磨本體的肉面層。

2 以帆布確實打磨皮料後，以玻璃板打磨修飾皮料的肉面層。

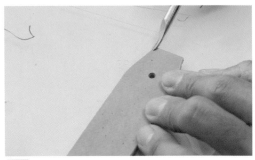

3 以削邊器進行皮面層削邊後，削除稜邊。

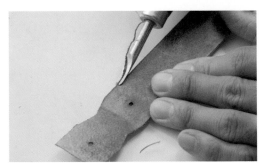

4 肉面層側也進行削邊後，接著削除稜邊。

5 削除稜邊後，以砂紙打磨，將邊緣處理成半圓形。

6 瞄準記號，以鑿子鑿上爪珠安裝孔。鑿子確實貫穿至肉面層。除擺在塑膠板上鑿孔外，建議試試底下鋪著襯墊皮塊後鑿孔等方法。

安裝位置的記號變淡，越來越看不清楚時，對齊紙型，進行確認。

7 記號變淡部分重作記號後，繼續完成處理作業。

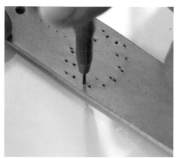  

8 靠近邊緣的部分縱向鑿上安裝孔，以免釘腳太靠近皮料邊緣。以 3mm 鑿子鑿上壓克力爪珠與 16mm 圓形爪珠的安裝孔。

 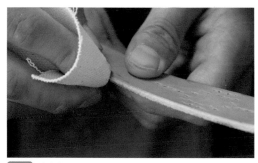

9 以菱斬打上縫裝飾針目的縫孔。

10 以沾上 CMC 的帆布打磨邊緣。

11 必要時，再以砂紙打磨成形，最後，往皮料邊緣塗蠟，完成邊緣的最後修飾。

使用壓克力爪珠時的處理要點

壓克力爪珠背面黏貼鋁箔當作反射板,即可使壓克力的寶石部分顯得更閃亮。

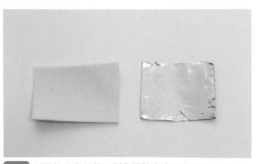

1 利用墊片與鋁箔,製作可貼在寶石背面的反射板。

Point

2 配合爪珠的邊框大小,準備圓斬(圖中為50號)。

以 50 號圓斬切出墊片,以小一號的 40號圓斬切出鋁箔。 **3**

4 貼合墊片與鋁箔的黏貼面。

5 以夾鉗拉直鑲爪後鬆開寶石。小心處理以免損傷寶石。

6 寶石背面黏貼步驟4完成的反射板後,裝回邊框裡,然後摺彎鑲爪,將寶石固定成原來的狀態。

安裝爪珠

插入3mm的圓形爪珠與壓克力爪珠。圓形爪珠要緊靠著安裝，需留意安裝要點。

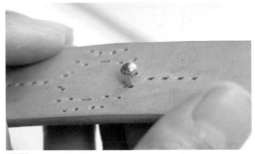

1 將圓形爪珠插入安裝孔。小心插入以避免釘腳插錯位置！

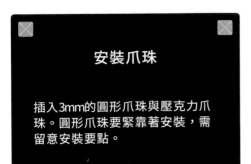

2 確實壓入爪珠。

Check

確認釘腳穿出情形。3mm 爪珠的釘腳較短，皮料太厚時就無法充分地穿向肉面層。

Point

3 3mm 圓形爪珠必須緊靠著安裝，因此間隔一個位置後，依序插入爪珠。一開始就緊靠著插入，易因釘腳與釘腳的距離太近而難以摺彎釘腳。

4 穿出肉面層的釘腳太短時，將夾鉗尖端壓入肉面層似地，邊把釘腳夾成圓弧狀邊摺彎釘腳，一次就完成安裝。

5 橡膠板上鋪放襯墊皮料後,擺好鑰匙圈皮料,圓形爪珠安裝位置必須在襯墊皮料上。

6 以鐵鎚的圓頭敲打釘腳,促使尖端嵌入肉面層,再以平面側敲打,使釘腳更確實地嵌入皮料裡。

7 先插入安裝孔的 6 個圓形爪珠安裝作業,就此告一段落。

8 將剩下的爪珠插入先前安裝的爪珠之間。最靠近皮料邊緣的爪珠釘腳縱向插入。

9 完成所有爪珠安裝作業。

10 以夾鉗摺彎釘腳後固定住爪珠。

11 以鐵鎚的圓頭、平面側依序敲打,促使釘腳嵌入肉面層。

襯墊皮料表面呈現下凹狀態，表示爪珠確實承受到斬打力道。留意敲打力道。

12 完成所有的 3mm 圓形爪珠安裝作業後的狀態。

13 將壓克力爪珠插入圓形爪珠的中心。

14 確認釘腳穿出情形。壓克力爪珠的釘腳穿出長度符合 3mm 標準。

以夾鉗摺彎釘腳。針對尖端、基部，以最基本的 2 階段摺彎法處理釘腳。

15

16 手持狀態下以鐵鎚敲打釘腳，以免損傷壓克力爪珠上的寶石。

17 壓克力爪珠的釘腳摺彎後的狀態。

18 完成所有的爪珠安裝作業後的狀態。

縫裝飾針目

爪珠旁縫上裝飾針目。只是改變縫線顏色，就能完成不同感覺的裝飾針目，可依喜好來使用縫線。

1 準備長度為縫合距離 4 倍＋ 30cm 的縫線，將其中一端穿上縫針，另一端打結。

2 一針穿縫 2 道縫線，以平針縫技巧縫上裝飾針目。縫好後，表側呈現空出一個針目的狀態。縫至終點後，將縫線穿出肉面層。

3 縫至終點後，將縫線打結（※ 線頭的處理方法因縫線而不同，請以適當方法處理線頭）。

4 利用鐵鎚將針目敲得更服貼。

5 打結後塗抹白膠以固定住縫線。

6 另一側的縫孔也以相同要領縫上針目。

安裝爪珠，縫上裝飾針目後，完成作業。

7

安裝金屬配件

安裝牛仔釦、活動鉤、16mm圓形爪珠。留意安裝位置。

1 由皮面層將牛仔釦的面釦插入安裝孔。

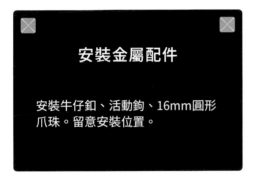

2 肉面層朝上，牛仔釦的面釦擺在萬用環狀台上。

4 敲打牛仔釦斬，鉚合固定面釦與母釦。

3 將牛仔釦的母釦，插入穿出肉面層的面釦釦腳端部。

5 將活動鉤套入本體皮料後，調整至兩側呈內凹狀態的部位。

6 套入活動鉤後，摺起本體皮料端部，對齊安裝孔位置，將牛仔釦腳管插入安裝孔。

7 將公釦插入腳管端部。皮料太厚時，穿出的腳管可能不夠長，因此針對皮料進行打薄以調整厚度。

8 將腳管擺在萬用環狀台的平面側，以牛仔釦鉚合固定。

9 轉動公釦以確認釦件是否確實安裝。牛仔釦轉不動即表示確實安裝得很牢固。

10 試著扣上與拉開牛仔釦，確認安裝沒問題。

11 將圓形爪珠套在牛仔釦的面釦上。

12 16mm 圓形爪珠，可完全覆蓋住牛仔釦的面釦。

13 如圖所示，爪珠的釘腳由母釦旁穿出肉面層。確認母釦旁有充分的空間可容納摺彎的釘腳。

14 利用夾鉗摺彎圓形爪珠的釘腳。

15 此狀態下無法以鐵鎚敲打，因此利用夾鉗，盡可能促使釘腳嵌入肉面層。

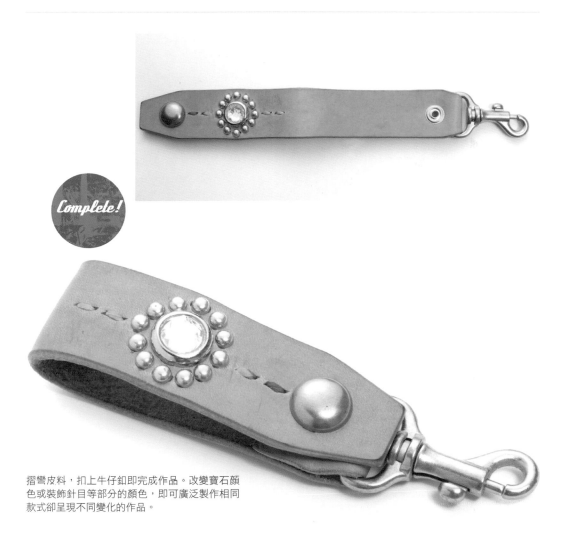

Complete!

摺彎皮料，扣上牛仔釦即完成作品。改變寶石顏色或裝飾針目等部分的顏色，即可廣泛製作相同款式卻呈現不同變化的作品。

拉鍊式隨身包

圖案中鑲嵌蛇皮的拉鍊式隨身包。本體部位以內縫方式完成，使用質地柔軟、適合採用內縫方式
的皮料。鑲嵌裝飾之際，爪珠的釘腳跨插蛇皮邊緣，因此作記號等處理作業需要一些訣竅。

Fastener pouch

Parts 材　料　　以 4 種爪珠與蛇皮構成圖案。

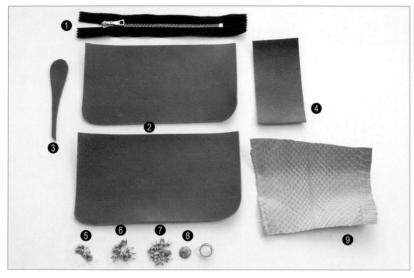

❶ 拉鍊：130mm
❷ 本體：Oil Vacchetta／厚1.8mm
❸ 皮拉片：Oil Vacchetta／厚1.0mm
❹ 裡側貼片：Oil Vacchetta／厚
　 1.0mm
❺ 圓形爪珠：直徑6mm×4
❻ 圓形爪珠：直徑4mm×15
❼ 圓形爪珠：直徑3mm×20
❽ 環狀爪珠：直徑12.5mm × 1／
　 松石藍
❾ 鑲嵌裝飾：蛇皮

Tools 工　具　　以雙面膠帶暫時固定拉鍊，以滾輪式雙面膠帶暫時固定本體。

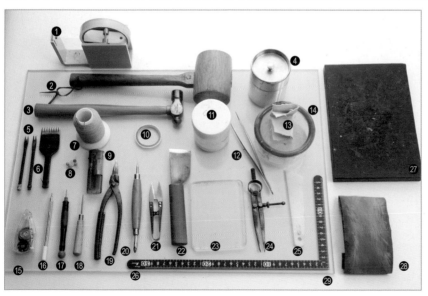

❶ 透明膠帶
❷ 木槌
❸ 鐵鎚
❹ 橡皮膠
❺ 圓斬
❻ 菱斬
❼ 手縫線・手縫針
❽ 珠針
❾ 打火機
❿ 雙面膠帶：2mm
⓫ 白膠
⓬ 鑷子
⓭ 帆布
⓮ CMC
⓯ 滾輪式雙面膠帶
⓰ 銀筆
⓱ 鑿子：1.5/2/3mm
⓲ 圓錐
⓳ 夾鉗
⓴ 壓叉器
㉑ 線剪
㉒ 裁皮刀
㉓ 玻璃板
㉔ 間距規
㉕ 上膠片
㉖ 曲尺（L形規尺）
㉗ 橡膠板
㉘ 砂紙
㉙ 塑膠板

本體皮料的前置作業

縫合後構成本體的三邊，分別打薄寬7mm。避免打薄到皮面層。

1 裁好皮料後擺在玻璃板上，以裁皮刀打薄皮料。

2 上邊除外，如圖打薄兩片本體皮料的另外三邊的肉面層。

作記號標上爪珠的安裝位置

於本體表側皮料上作記號，標上爪珠的安裝位置。爪珠的數量較多，因此先以膠帶固定住紙型。

1 將紙型對齊本體表側皮料後，確認圖案的位置。

2 以透明膠帶固定住紙型與皮料的上邊。

3 以間距規作記號，壓上 3mm 圓形爪珠的安裝位置。

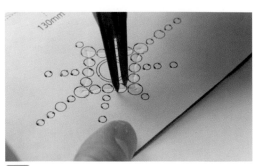

4 接著以間距規作記號，壓上 4mm 圓形爪珠的安裝位置。

Point

5 中途翻開紙型，邊確認圖案是否位於正確位置邊進行作業。

6 鑲嵌裝飾前端的 6mm 圓形爪珠，其安裝位置也壓上記號。

7 縱向鑿上安裝孔，以免旁邊的 6mm 圓形爪珠的釘腳跨插到鑲嵌裝飾。

8 作記號壓好所有的爪珠安裝位置後的狀態。

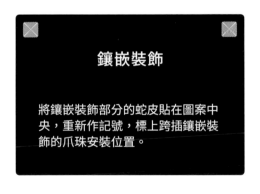

鑲嵌裝飾

將鑲嵌裝飾部分的蛇皮貼在圖案中央，重新作記號，標上跨插鑲嵌裝飾的爪珠安裝位置。

1 將紙型擺在蛇皮上紋路最漂亮的位置，以銀筆描上形狀。

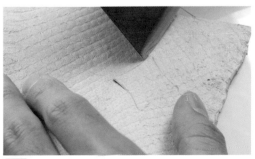

2 沿著銀筆描畫的形狀裁切蛇皮。

3 對應紙型裁切蛇皮後，配合鑲嵌裝飾的圖案擺放。

4 擺好紙型，確認鑲嵌裝飾（蛇皮）的位置。

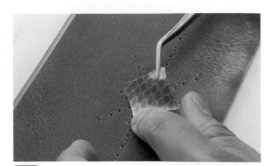

5 蛇皮背面塗抹白膠後貼在本體皮料上。

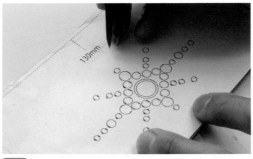

6 再次擺好紙型，作記號依序壓上跨插到鑲嵌裝飾部分的爪珠安裝位置。

7 避免偏離第一次作的記號，必須確實地對齊紙型上的位置。

Check

先前作記號時，紙型上已壓上孔洞，因此以間距規正確地描上該孔洞後才作上記號。

8 剛黏貼的鑲嵌裝飾上也作記號，壓上爪珠的安裝位置，因此配合該記號，實際鑿上安裝孔。

鑿爪珠安裝孔

瞄準本體皮料上的記號，以鑿子依序鑿上安裝孔。使用符合爪珠尺寸的鑿子。

1 以 1.5mm 的鑿子，於 3mm 爪珠的安裝位置鑿上安裝孔。

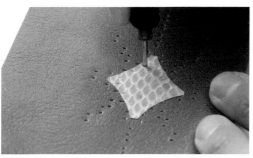

2 利用 2mm 鑿子，鑿上 4mm 圓形爪珠的安裝孔。蛇皮邊緣也以相同的鑿子鑿上孔洞。

3 利用 3mm 鑿子，鑿上鑲嵌裝飾中央的環狀爪珠的安裝孔。

4 鑿好所有的爪珠安裝孔後的狀態。

安裝鑲嵌裝飾
周邊的爪珠

鑲嵌裝飾周邊安裝4mm與6mm的圓形爪珠。

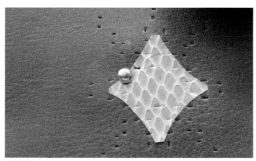

1 將 4mm 圓形爪珠，依序插入鑲嵌裝飾周圍的安裝孔。其中一支釘腳跨插鑲嵌裝飾內的安裝孔。

2 鑲嵌裝飾周圍共插入 12 個 4mm 圓形爪珠。

3 鑲嵌裝飾周圍插入 4mm 圓形爪珠後的狀態。

4 接著將 6mm 圓形爪珠插入邊角部位。

5 四個邊角依序插入 6mm 爪珠。

6 鑲嵌裝飾周圍的安裝孔都插入圓形爪珠後的狀態。

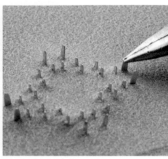

7 將本體皮料翻向背面後，依序摺彎爪珠的釘腳。配合釘腳長度，調整摺彎方式。

8 所有的釘腳都摺彎後的狀態。

9 以鐵鎚的圓頭敲打，促使釘腳尖端嵌入肉面層。

10 以鐵鎚的平面側敲打，促使釘腳更確實地嵌入肉面層。

11 鑲嵌裝飾周圍安裝爪珠後的狀態。

安裝 3mm 與 4mm 的爪珠

安裝鑲嵌裝飾周邊的圓形爪珠。使用爪珠數量較多,慢慢地依序安裝固定吧!

1 將 3mm 圓形爪珠插入安裝孔。

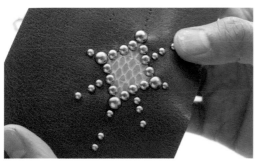

2 3mm 圓形爪珠都插入安裝孔後的狀態。

3 接著將 4mm 圓形爪珠插入之間的安裝孔。

 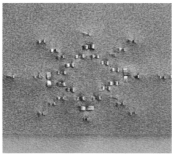 

4 摺彎爪珠的釘腳,以鐵鎚的圓頭敲打,促使釘腳尖端嵌入肉面層。

5 最後,利用鐵鎚的平面側,儘量敲打成平面狀。

6 鑲嵌裝飾與該周邊部分安裝爪珠後的狀態。

安裝環狀爪珠

安裝圖案中央的環狀爪珠。實作範例中使用松石藍爪珠,依喜好使用鑲裝其他寶石的爪珠也OK。

1 將寶石鑲入環狀爪珠的邊框裡。

2 使用大小剛好可鑲入環狀邊框的寶石。亦可使用原本就鑲著寶石的爪珠。

3 以夾鉗摺彎鑲爪,固定住寶石。

環狀爪珠邊框鑲裝寶石後的狀態。

4

5 將環狀爪珠插入鑲嵌裝飾的中心。

6 以夾鉗摺彎環狀爪珠的釘腳,以便固定住爪珠。

以鐵鎚的圓頭、平面側依序敲打,促使釘腳嵌入肉面層。

完成爪珠安裝作業。 **8**

爪珠的裡側貼片

使用手拿包時,必須經常取放物品,因此釘腳部位黏貼皮料,作好保護措施。以厚約1mm的皮料作為裡側貼片。

1 以 100 × 45mm、厚約 1mm 的皮料為裡側貼片。

2 裡側貼片的皮料肉面層塗抹白膠。

3 將裡側貼片皮料貼在可完全遮蓋住釘腳的位置。

縫拉鍊

將拉鍊安裝在本體的上邊。以平針縫方式來突顯針目。

1 準備兩片本體皮料與拉鍊。拉鍊在閉合狀態下，拉片通常位於左側。

2 對齊拉鍊與本體皮料，以銀筆作記號，標上貼合拉鍊的位置。

3 以砂紙打磨本體皮料的上邊，調整邊緣的形狀。

4 以砂紙調整邊緣形狀後，以沾上 CMC 的帆布打磨邊緣。

5 以沾上 CMC 的帆布打磨肉面層。處理黏貼裡側貼片的前片時，需打磨未黏貼裡側貼片的部位。

6 以玻璃板打磨修飾本體的肉面層。小心打磨，避免壓扁前片的爪珠。

Point

7 以珠針固定拉鍊的四角，在拉鍊繃緊、固定於橡膠板表面的狀態下黏貼拉鍊。

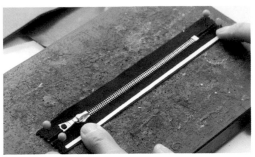

8 拉鍊邊緣黏貼雙面膠帶。膠帶太寬時就會超出範圍，因此使用寬 2mm 的膠帶。

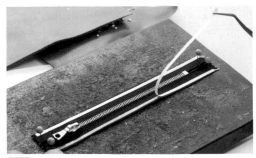

9 拉鍊兩側黏貼雙面膠帶後，撕掉膠帶的背紙。

10 對齊拉鍊上的記號後，黏貼本體皮料。

11 貼合本體皮料與拉鍊後，確實地按壓以促使緊密黏合。

12 以相同要領完成另一邊，貼合拉鍊與本體皮料後，促使緊密黏合。

貼合本體皮料與拉鍊後，將本體皮料往下摺，確認拉鍊的安裝方式確實沒問題。

13

Point

14 將本體皮料翻至肉面層側後，如圖所示，將拉鍊端部貼上雙面膠帶。

15 如圖所示，將拉鍊端部摺成 90 度後，貼在本體皮料的肉面層上。

16 黏貼拉鍊端部，黏貼成從表側看時，拉鍊確實位於本體皮料內側。

17 距離本體上邊 3mm，以間距規描畫縫合線。

18 瞄準步驟17描畫的縫合線，以圓斬作記號，壓上斬打縫孔的位置。

19 瞄準步驟18的記號後斬打縫孔。

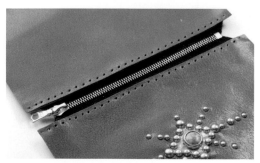

20 前、後片皮料的上邊斬打縫孔後的狀態。

21 縫線的其中一端穿上縫針，另一端打結。使用聚酯材質的縫線，因此以打火機炙燒打結處後固定住。

22 以火炙燒融化打結處，縫線就不會鬆脫。

Check

由皮料背面將縫針穿過最上方的縫孔後，將縫線拉至打結處。

23 以平針縫技巧依序縫合本體皮料與拉鍊。

24 縫線由皮料背面穿出時，不易看出縫孔的位置，必須更小心地縫合，避免遺漏任何一個縫孔。

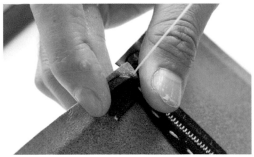

25 縫合至最後一個縫孔後的狀態。確實地拉緊縫線後打結。

26 固定住縫線後，剪掉多餘的部分。

27 最後，以火炙燒融化打結處。

28 以相同要領縫合另一邊，完成本體皮料與拉鍊的縫合作業。

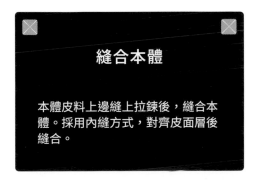

縫合本體

本體皮料上邊縫上拉鍊後，縫合本體。採用內縫方式，對齊皮面層後縫合。

1 除本體皮料的皮面層上邊外，以滾輪式雙面膠帶處理另外三邊。其中一面塗膠即可。

2 使用寬 6mm 的滾輪式雙面膠。只是暫時固定住，因此，超出範圍部分稍後會撕掉。

3 本體皮料的皮面層朝著裡側，依序貼合三邊。

4 避免中途形成皺褶，其他三邊必須確實貼合。

5 貼合三邊後，將間距規調成寬 4mm 後描畫縫合線。

6 瞄準縫合線，以菱斬壓上記號。與上邊的縫孔距離 1 個縫孔，開始斬打縫孔。

7 本體皮料的三邊都打上縫孔後的狀態。

8 以平針縫技巧依序縫合本體皮料。

9 採內縫方式，因此看不出縫合針目。以固定的模式交叉縫線，依序完成縫合作業。

10 縫最後一個縫孔後，回針縫 2 個針目，剪斷縫線。

11 剪斷縫線後，抹上白膠以固定住線頭（使用聚酯材質的縫線時，以炙燒方式固定住線頭也 OK）。

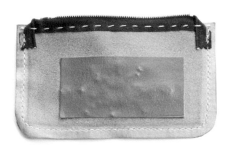

12 縫合本體後的狀態。本體翻回正面後即完成作品。

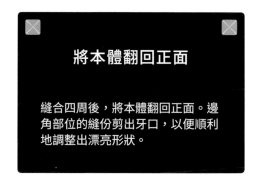

將本體翻回正面

縫合四周後，將本體翻回正面。邊角部位的縫份剪出牙口，以便順利地調整出漂亮形狀。

Point

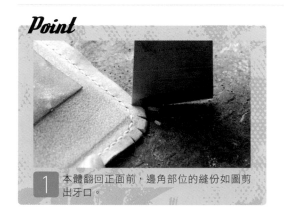

1 本體翻回正面前，邊角部位的縫份如圖剪出牙口。

2 邊角部位剪出牙口後的狀態。另一側的邊角部位也以相同要領剪牙口。

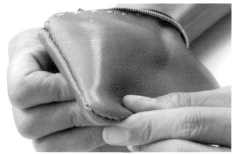

3 打開拉鍊，將裡面往外拉，將本體翻回正面。如圖所示，手指伸入裡側後，將邊角部位確實地往外推。

4 本體翻回正面後的狀態。針目部分有溢出膠料時，利用生膠片即可擦除。

製作皮拉片

最後，以皮料製作皮拉片，組裝於拉鍊的拉片上。重點為此部分也安裝爪珠。

1 對應紙型在厚 1mm 皮料上裁下一小塊拉片皮料。

2 小頭側尾端斜斜地打薄 10mm 左右。

3 將小頭側穿過拉鍊拉片上的孔洞。

4 小頭側穿過拉片上的孔洞後，繞向皮料背面，穿過皮料上的孔洞。

5 由背面看時呈現圖中狀態。

6 小頭側兩旁以 2mm 鑿子分別鑿上爪珠安裝孔。

Check

由皮面層插入 4mm 圓形爪珠後，將皮料背面的小頭側夾入兩根釘腳之間。

7 以夾鉗摺彎爪珠的釘腳。

8 處理釘腳尾端，如圖所示，促使釘腳嵌入夾在釘腳之間的小頭側皮料。

9 以鐵鎚敲打，促使釘腳確實地嵌入皮料。

10 釘腳嵌入皮料後即呈現出圖中狀態。

11 由表側看時的狀態。完成隨身包的皮拉片。

Complete!

完成圖。造型很簡單，建議不妨改變拉鍊長度或作成不同的尺寸，大幅拓展製作範疇。

卡片夾

收納 IC 卡與信用卡等的卡片夾，以金字塔形與圓形爪珠的組合，表現骷髏頭圖案。其次，裝上裡側貼片，以免釘腳接觸到卡片，進而完成品質更好的作品。每天都會用到的皮件，安裝爪珠後顯得更有特色。

Card case

Parts 材 料　3mm 圓形爪珠依顏色分類使用。

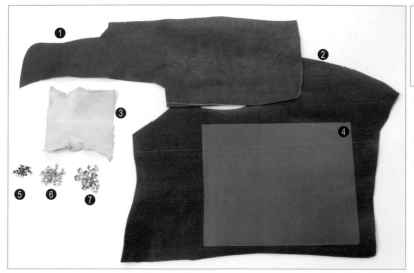

❶ 裡側貼片皮料：LATIGO／厚3mm
❷ 本體皮料：LATIGO／厚1.5mm
❸ 鑲嵌裝飾皮料：蜥蜴皮
❹ 透明板 ：透明檔案夾
❺ 圓形爪珠：黑色 3mm × 13
❻ 圓形爪珠：銀白色 3mm × 27
❼ 金字塔形爪珠：銀白色 4.8mm ×
17

Tools 工 具　皮料邊緣需染色，因此準備與本體皮料顏色相近的染料。

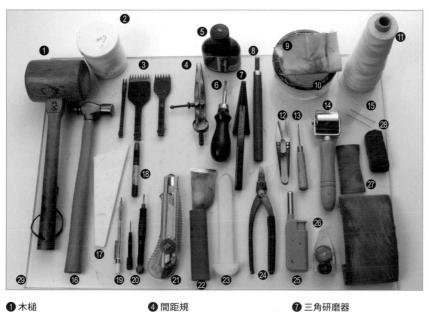

❿ CMC
⓫ 手縫線
⓬ 線剪
⓭ 圓錐
⓮ 滾輪
⓯ 手縫針
⓰ 鐵鎚
⓱ 上膠片
⓲ 圓斬：25 號 (直徑 7.5mm)
⓳ 銀筆
⓴ 鑿子：1.5mm·2mm
㉑ 美工刀
㉒ 裁皮刀
㉓ 三用磨緣器
㉔ 夾鉗
㉕ 打火機
㉖ 滾輪式雙面膠帶
㉗ 砂紙
㉘ 蠟
㉙ 塑膠板

❶ 木槌　　　　❹ 間距規　　　　　❼ 三角研磨器
❷ 白膠　　　　❺ 染料：焦茶色　　❽ 雕刻刀：圓頭
❸ 菱斬　　　　❻ 削邊器　　　　　❾ 帆布

※其他
・直尺・橡膠板・小盤子
・棉花棒

97

裁切各部位皮料

裁切此作品的各部位皮料時需要一些技巧，因此由裁切要點開始介紹起。

1 將紙型擺在皮料的皮面層上，以銀筆沿著周圍描上形狀。

2 圖中為透視窗框部位的紙型。稍後裁切內側框狀部位時需要一些訣竅。

Point

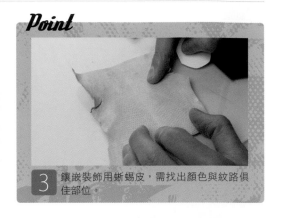

3 鑲嵌裝飾用蜥蜴皮，需找出顏色與紋路俱佳部位。

4 選好部位後，擺好紙型，以銀筆描上形狀。

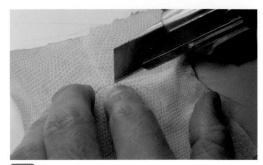

5 瞄準步驟4描畫的線條，以美工刀裁切皮料。

6 裁切裡側貼片皮料。比本體表側的皮料稍微裁大一點，亦可於貼合皮料後裁切。

7 裁切框狀部位。外圍基本上為直線，因此以美工刀與直尺裁切皮料。

Point

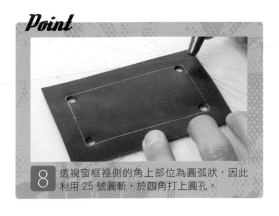

8　透視窗框裡側的角上部位為圓弧狀，因此利用 25 號圓斬，於四角打上圓孔。

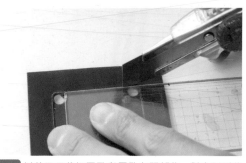

9　以美工刀裁切圓孔與圓孔之間部位，對應紙型裁掉透視窗框裡側部分。

10　卡片夾層的上邊裁成大曲線，因此，美工刀不能停下來，必須一氣呵成地完成裁切。

11　卡片夾層上邊裁切後的狀態。裁切過程中美工刀若停歇，斷面就無法裁切得很平順。

裁切所有部位後的狀態。

12

鑿爪珠安裝孔

配合紙型，壓上爪珠安裝位置。骷髏頭部分必須加入鑲嵌裝飾，因此黏貼後才鑿上安裝孔。

1　金字塔形爪珠的釘腳位置，以間距規依序壓上記號。

2 以間距規作記號，壓上 3mm 圓形爪珠的安裝位置。

3 以鐵筆描上鑲嵌裝飾的黏貼位置。

4 皮料的皮面層壓上爪珠安裝位置，與描上鑲嵌裝飾黏貼位置後的狀態。

5 往鑲嵌裝飾的黏貼位置塗抹橡皮膠。

6 鑲嵌裝飾的蜥蜴皮背面也塗抹橡皮膠。

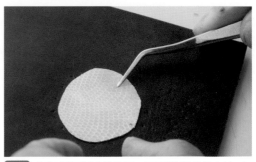

7 瞄準骷髏頭圖案的位置，擺好鑲嵌裝飾的皮料。

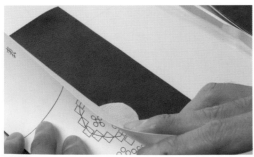

8 按壓黏貼前，對照紙型，再次確認位置。

9 確認位置後，按壓鑲嵌裝飾皮料以促使緊密黏合。

Point

10 金字塔形爪珠的釘腳跨插鑲嵌裝飾部分，因此需再次作記號壓上安裝位置。

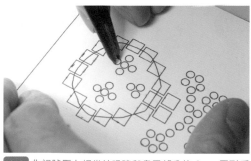

11 作記號壓上相當於眼睛與鼻子部分的 3mm 圓形爪珠的安裝位置。

12 鑲嵌裝飾的皮料上，也作記號壓上爪珠安裝位置後的狀態。

13 以 2mm 鑿子，鑿上金字塔形爪珠的安裝孔。鑲嵌裝飾周圍的 15 個爪珠，分別有 1 支釘腳跨插不同的部位。

14 鑲嵌裝飾上的眼睛與鼻子部分，分別以 1.5mm 的鑿子，鑿上 3mm 圓形爪珠的安裝孔。

15 交叉骨部分完全以 3mm 圓形爪珠表現，因此以 1.5mm 鑿子鑿上安裝孔。

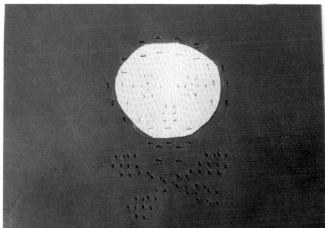

鑿好所有爪珠安裝孔後的狀態。

16

安裝爪珠

安裝爪珠。交叉骨部分的圖案較細密，必須留意爪珠的安裝位置。

1 依序插入表現骷髏頭輪廓的金字塔形爪珠。

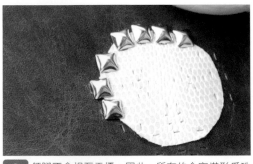

2 釘腳不會相互干擾，因此，所有的金字塔形爪珠都插入安裝孔後，才彎摺釘腳。

3 插入所有的金字塔形爪珠後的狀態。

4 以夾鉗摺彎金字塔形爪珠的釘腳。釘腳穿出標準長度，因此以最基本的 2 階段摺彎法處理釘腳。

5 以鐵鎚敲打，促使釘腳嵌入肉面層。先以圓頭敲打，再以平面側敲打。

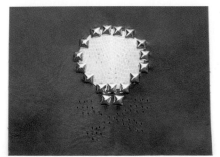

6 金字塔形爪珠安裝後的狀態。此時還看不出骷髏頭形狀。

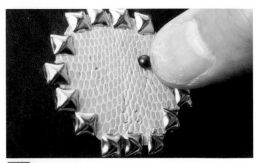

7 依序安裝表現眼睛與鼻子的 3mm 黑色爪珠。

8 以 5 個圓形爪珠表現眼睛部分。重點是這 5 個爪珠必須緊緊地靠在一起。

9 以 3 個 3mm 圓形爪珠表現鼻子部分。眼睛加上鼻子共使用了 13 個圓形爪珠。

10 3mm 爪珠穿出肉面層後，釘腳部分較短，因此一口氣摺彎釘腳。

11 以鐵鎚的圓頭、平面側依序敲打，促使釘腳嵌入肉面層。

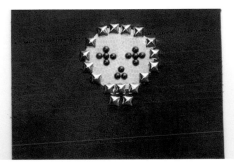

12 鑲嵌裝飾上安裝了表現眼睛與鼻子的爪珠，因此看起來很像骷髏頭。

交叉骨部分依序安裝 3mm 圓形爪珠。

13

14 依序摺彎釘腳。因為數量較多，需注意摺彎釘腳的方向必須正確。

15 摺彎所有的釘腳後，以鐵鎚敲打，促使釘腳嵌入肉面層。

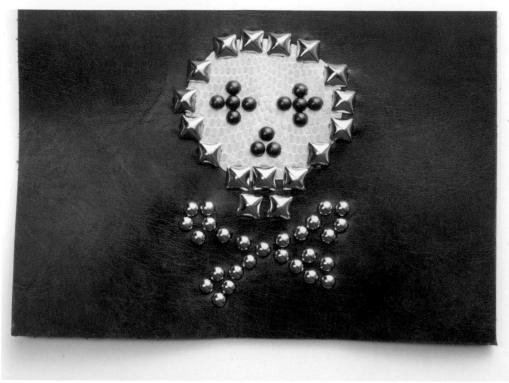

16 完成骷髏圖案。改變鑲嵌裝飾的皮料與爪珠的顏色，就能完成更有個性的圖案，因此
建議依喜好做出不同的變化。

各部位的前置作業

完成爪珠圖案後，以肉面層與先前
加工處理過的皮料邊緣為主，依序
完成各部位的前置作業。

1 以沾上 CMC 的帆布打磨透視窗框部位的肉面層。

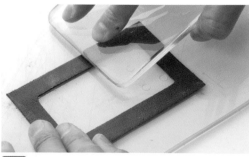

2 接著以玻璃板打磨修飾透視窗框部位的肉面層。

3 為了降低重疊皮料後的厚度，處理卡片夾層 A 的
皮料時，除上邊外，另外三個邊的肉面層，必須
在距離邊緣 10mm 處開始斜斜地打薄。

4 將必須打薄皮料邊緣的部位，打薄成原有厚度的二分之一。打薄時避免削切到皮面層。

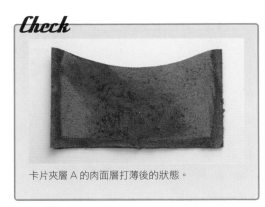

卡片夾層 A 的肉面層打薄後的狀態。

5 打磨修飾卡片夾層 A 與 B 的肉面層。先以沾上 CMC 的帆布打磨，再以玻璃板打磨修飾。避免磨到卡片夾層 A 的打薄後部位。

6 修飾卡片夾層 A 與 B 的邊緣。以削邊器與砂紙調整形狀，再以沾上 CMC 的帆布打磨。

7 透視窗框裡側邊緣也如同卡片夾層上邊進行打磨修飾。

8 透視窗框的卡片入口側邊緣也修飾。

9 紅色標示部分，為必須於組裝前修飾皮料邊緣的部位。

透視窗框縫上
透明塑膠片

將透明塑膠片放入透視窗框內側後
進行縫合。此作品使用透明檔案夾
裁切的塑膠片。

Point

1　將紙型對齊透明塑膠片，在距離透視窗框
約 6mm 的部分作記號。

2　沿著步驟1作的記號，將透明塑膠片裁成長方形。

3　將間距規調成寬 3mm 後，於透視窗框內側描畫縫
合線。

4　瞄準縫合線，以菱斬打上縫孔。邊角部位以兩根
刀刃的雙菱斬打上縫孔。

5　斬打直線部位的縫孔時，使用刀刃較多的菱斬更
便利，但使用雙菱斬也能斬打縫孔。

6　透視窗框內側斬打縫孔後的狀態。

Point

7　透視窗框的肉面層黏貼滾輪式雙面膠帶。

8 往透視窗框黏貼透明塑膠片。確認縫孔都位於透明塑膠片內側。

9 縫合透視窗框與透明塑膠片。準備長度為縫合距離4倍的縫線，兩端都穿上縫針。

10 邊以縫針貫穿透明塑膠片，邊縫合窗框內側。

11 縫合一整圈後，進行一針回針縫。

12 表側的縫線再進行一針回針縫，縫好後穿出肉面層，剪斷縫線。

13 剪斷縫線後塗抹白膠，固定住線頭。

14 透視窗框縫上透明塑膠片後的狀態。

Check

透明塑膠片需使用
即使鑿孔也不會破裂的材質

由於材質關係，透明塑膠片可能因鑿孔而破裂。使用前先以縫針或圓錐戳上孔洞，測試確定是能夠縫合的素材後才使用。

縫合卡片夾層 A 與
裡側貼片

卡片夾層A的下邊與裡側貼片皮料
必須先進行縫合。

1 卡片夾層 A 下邊的肉面層，黏貼滾輪式雙面膠帶
後，貼合裡側貼片，將間距規調成寬 3mm 後描畫
縫合線。

2 瞄準縫合線，以菱斬打上縫孔。

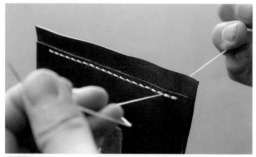

3 縫合卡片夾層 A 的下邊後，於肉面層處理線頭。

縫合卡片夾層 A 與裡
側貼片後的狀態。

4

貼合本體與裡側貼片

貼合本體與裡側貼片。貼合卡片夾
層側為骷髏頭圖案的另一側。

1 準備本體與裡側貼片的皮料。卡片夾層組裝在骷
髏頭圖案的另一側。

2 裡側貼片與本體的肉面層都塗抹橡皮膠。

3 對齊邊角部位，貼合本體與裡側貼片。

4 貼合本體與裡側貼片後，確實地按壓以促使緊密黏合。

裡　表

貼合本體與裡側貼片後的狀態。

5

縫合本體與各部位

縫合本體、透視窗框、卡片夾層B。縫合一整圈就能縫住這些部分。

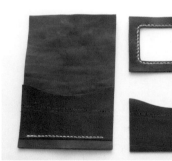

1 準備本體、透視窗框、卡片夾層B，確認安裝位置。

2 卡片夾層B上邊除外，另外三邊的肉面層都塗抹白膠。

3 本體上安裝卡片夾層B的部位塗抹白膠。

4 對齊邊角位置,將卡片夾層 B 貼在本體上。

5 確認本體上的透視窗框黏貼位置後塗抹白膠。

6 透視窗框的卡片入口側除外,其他三邊的肉面層都塗抹白膠。

7 對齊邊角位置,貼合透視窗框與本體。

Point

卡片夾層與透視窗框形成高低差部位,以調整成寬 3mm 的間距規描畫縫合線。

8

9 卡片夾層與透視窗框形成高低差部位,以圓錐鑿上基點孔洞。以該孔洞位置為基準,由表側鑿上縫孔。

10 本體表側周圍，以調整為寬 3mm 的間距規描畫縫合線。

11 以步驟9鑿的基點孔洞為基準，以菱斬依序壓記號標上縫孔位置。

12 瞄準記號，斬打縫孔。瞄準基點斬打縫孔，避開高低差部位，即可順利地斬打縫孔。

13 本體上斬打孔洞後的狀態。

14 以平針縫技巧縫合周圍。形成高低差部位需要較高的強度，可縫上 2 道縫線予以補強。

15 將縫線穿出本體裡側後剪斷，塗抹白膠以固定住線頭。

16 縫合本體與各部位，完成卡片夾基本型後的狀態。

17 利用雕刻刀,將邊角部位修成圓弧狀。以美工刀等削成圓弧狀亦可。

四個角都修成圓弧狀後的狀態。最後,依序修飾皮料邊緣。

18

修飾皮料邊緣

縫合本體與各部位後,打磨修飾皮料邊緣。利用染料,將皮料邊緣染成相同顏色。

1 利用削邊器,削除本體皮料表側的稜邊。

2 本體皮料裡側的邊緣也以削邊器進行修邊。比較難處理的高低差部位也確實地修邊。

3 邊緣有相當厚度,因此利用三角研磨器確實地磨邊,以調整皮料邊緣形狀。

4 以研磨器大致調整形狀後,再以砂紙打磨修飾皮料邊緣。

5 修整皮料邊緣後,以染料進行邊緣染色。利用棉花棒就能塗染得很漂亮。

6 進行邊緣染色後，以沾上 CMC 的帆布打磨皮料邊緣。

7 CMC 乾掉後，針對邊緣仔細地塗蠟。

8 進行邊緣塗蠟後，以三用磨緣器打磨修飾皮料邊緣。

Complete!

完成圖。剛開始對摺卡片夾時，無法摺疊得很服貼。藉由潤濕對摺處裡側，即可對摺成漂亮形狀。

托特包

加上爪珠構成的鹿圖案，造型簡單素雅的托特包。採用內縫方式，使用方便的 A4 尺寸托特包。裡側也安裝口袋，讓實用性更加分。表面積較大，因此亦可組合其他圖案等作裝飾。

Tote bag

Parts 材　料　構成圖案的爪珠數量較多，充分準備以免到時候不夠用。

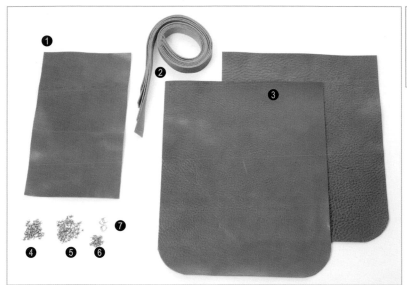

❶ 口袋：植鞣牛皮・荔枝紋／厚1mm
❷ 提把：植鞣牛皮・荔枝紋／厚2mm
❸ 本體：植鞣牛皮・荔枝紋／厚2mm
❹ 圓形爪珠：黃銅色 3mm × 32
❺ 圓形爪珠：銀白色 3mm × 63
❻ 圓形爪珠：黃銅色 4mm × 11
❼ 長形爪珠：銀白色 8mm × 4

Tools 工　具　生膠片於擦除橡皮膠時使用。

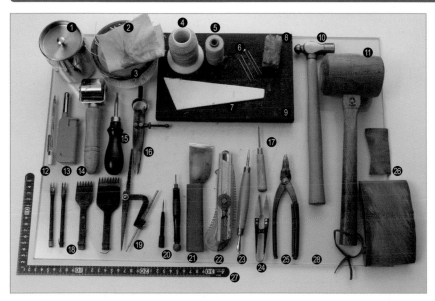

❿ 鐵鎚
⓫ 木槌
⓬ 銀筆
⓭ 打火機
⓮ 滾輪
⓯ 削邊器
⓰ 間距規
⓱ 圓錐
⓲ 菱錐・圓斬
⓳ 圓規
⓴ 鑿子：1.5mm・2mm
㉑ 裁皮刀
㉒ 美工刀
㉓ 壓叉器
㉔ 線剪
㉕ 夾鉗
㉖ 砂紙
㉗ 曲尺
㉘ 塑膠板

❶ 橡皮膠　　　❹ 手縫線：細　　　❼ 上膠片
❷ 帆布　　　　❺ 手縫線：粗　　　❽ 生膠片
❸ CMC　　　　❻ 手縫針／珠針　　❾ 橡膠板

本體的前置作業

本體兩側皮料的肉面層，除上邊外，另外三邊從距離邊緣12mm處開始打薄。

1 上邊除外，將圓規調成寬 12mm，於本體皮料的肉面層畫線。

2 由畫線處開始朝著外側斜斜地打薄皮料。

本體皮料打薄加工後的狀態。前側、後側都經過打薄加工處理。

3

鑿爪珠安裝孔

將紙型擺在本體的表側（前後相同形狀，因此任一側皆可），於爪珠的安裝位置鑿上安裝孔。

1 對齊位置後以膠帶暫時固定住，以免紙型錯開位置。

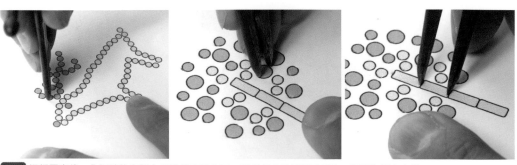

2 擺好圖案後，作記號依序標上爪珠的安裝位置。樹幹部分使用長形爪珠，釘腳為縱向安裝，需留意。圖案塗上顏色，安裝爪珠時更方便。

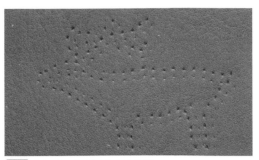

3 作記號壓上鹿圖案後的狀態。

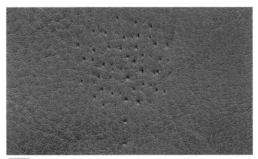

4 作記號壓上樹圖案爪珠安裝位置後的狀態。

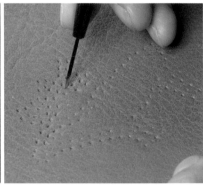

鹿圖案皆以 3mm 爪珠表現，因此以 1.5mm 鑿子鑿上安裝孔。

 5

樹圖案的樹葉部分安裝 3mm 和 4mm 爪珠，因此以 1.5mm 的鑿子鑿安裝孔。樹幹安裝長形小珠，因而以 2mm 鑿子鑿安裝孔。

 6

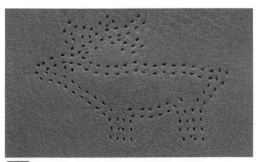

7 依序鑿好鹿圖案的爪珠安裝孔後的狀態。

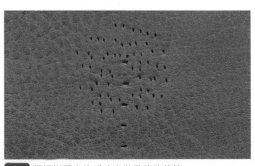

8 鑿好樹圖案的爪珠安裝孔後的狀態。

安裝爪珠

將爪珠插入安裝孔，摺彎釘腳後依序固定。使用爪珠時需留意，別弄錯顏色與尺寸。

▨ 鹿圖案

1 由使用 3mm 黃銅色圓形爪珠的鹿角、眼、鼻部位開始，依序插入爪珠。

2 插入鹿圖案的 3mm 黃銅色圓形爪珠後的狀態。

3 插入爪珠後以夾鉗摺彎釘腳。釘腳較短，一次就摺彎。

4 所有的釘腳都摺彎後，以鐵鎚的圓頭、平面側依序敲打，促使釘腳嵌入肉面層。

5 安裝黃銅色圓形爪珠後，即完成鹿的角、眼、鼻圖案。

6 依序插入 3mm 銀白色圓形爪珠。

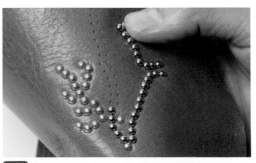

7 依序插入銀白色爪珠後，鹿圖案輪廓越來越明確。

8 插入所有的銀白色爪珠後即完成鹿圖案。

9 插入所有的銀白色爪珠後摺彎釘腳。安裝的爪珠數量較多，摺彎釘腳時需避免弄錯方向。

10 以鐵鎚的圓頭、平面側依序敲打，促使釘腳嵌入肉面層。

11 完成鹿圖案後的狀態。

■ 樹圖案

1 插入樹葉部分的 3mm 黃銅色圓形爪珠。

2 以夾鉗摺彎穿出肉面層的釘腳。黃銅色爪珠的釘腳同樣一次就摺彎。

3 以鐵鎚敲打促使釘腳嵌入肉面層。

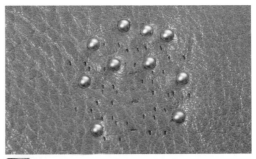

4 表現樹葉的 3mm 圓形爪珠安裝後的狀態。

5 表現樹葉部分的 4mm 圓形爪珠依序插入安裝孔後的狀態。

6 4mm 圓形爪珠都插入安裝孔後的狀態。

7 4mm 圓形爪珠的釘腳較長，因此以基本的 2 階段摺彎法處理釘腳。

8 以鐵鎚的圓頭、平面側依序敲打，促使釘腳嵌入肉面層。

9 3mm 與 4mm 黃銅色爪珠安裝後的狀態。

10 插入 3mm 銀白色圓形爪珠。

11 插入所有的銀白色爪珠，完成葉片部分的圖案。

摺彎釘腳，以鐵鎚敲打，促使釘腳嵌入肉面層。

12

13 樹葉部分的圖案完成後的狀態。

14 插入樹幹部分的 8mm 銀白色長形爪珠。

15 表現樹幹的長形爪珠分別摺彎釘腳後安裝固定。

Point

16 安裝下一個長形爪珠。將第一支釘腳插入上一個爪珠的第二個釘腳安裝孔。

17 釘腳如圖穿出肉面層。因為釘腳插入相同孔洞後就不容易摺彎，所以剛才要先摺彎釘腳。

18 由於剛才先行安裝的爪珠有事先摺彎其釘腳，所以後來裝上的爪珠釘腳才得以如圖所示地順利摺彎。

19 摺彎釘腳後以鐵鎚敲打，促使釘腳嵌入肉面層。

20 剩下的長形爪珠也一樣，與前一個爪珠共用安裝孔，依序安裝固定。

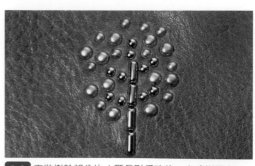

21 與前一個爪珠共用的安裝孔，若釘腳無法順利插入時，利用鑿子擴大安裝孔。

22 安裝樹幹部分的 4 顆長形爪珠後，完成樹圖案。

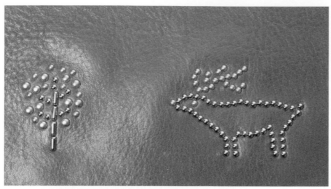

完成所有的圖案。

23

製作提把

提把由兩片皮料縫合而成。長度可依喜好調整。實作範例的提把長度為360mm。

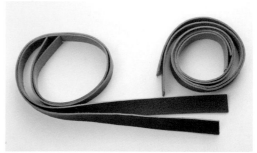

1 此實作範例的提把與本體使用相同的皮料，亦可使用皮帶用皮料等。

2 作記號標上必要長度的位置。此實作範例將提把長度設定為 360mm。

3 瞄準記號，裁切提把皮料。提把部分共使用 4 片皮料，都裁成相同長度。

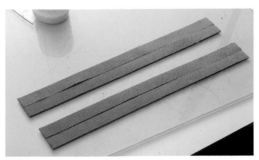

4 提把皮料整齊地裁切成相同長度後的狀態。

5 提把皮料的肉面層塗抹白膠。兩條提把皮料的肉面層都要塗抹白膠，以便確實地貼合皮料。

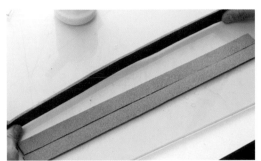

6 邊避免錯開位置，邊貼合提把皮料的肉面層。

7 對齊位置後貼合皮料，再以滾輪滾壓促使緊密黏合。

8 白膠確實乾掉後，以砂紙打磨提把皮料邊緣，調整成相同高度。

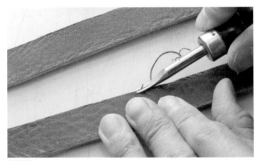

9 以削邊器削除兩面的稜邊。

10 削除稜邊後以砂紙打磨，將皮料邊緣調整成半圓形。

11 調整形狀後，以沾上 CMC 的帆布打磨修飾皮料邊緣。皮料邊緣的修飾加工對於皮件的使用感覺影響甚鉅。

12 以相同要領完成兩條提把的修飾加工作業。提把是實際地拿在手上的部位，需用手摸摸看皮料邊緣，感覺處理得不夠充分時，建議重新成形或打磨。

13 往提把皮料中心描畫縫合線。提把寬度設定為 20mm，因此於 10mm 的位置畫線。

14 瞄準步驟13描畫的縫合線，以圓斬作記號壓上縫孔位置。

15 先作記號標上第 7 個縫孔的位置。

16 瞄準步驟14的記號處斬打縫孔。使用刀刃數較多圓斬以提升作業效率。

17 提把皮料上斬打縫孔後的狀態。

18 準備長度為縫合距離 2 倍的縫線，其中一端穿上縫針，另一端打結後，以打火機炙燒融化打結處。

將縫線穿過端部算起第 8 個縫孔。第 7 個縫孔為止是用於縫合本體的縫孔。

19

20 以平針縫技巧依序縫合。

21 留下 7 個縫孔後處理線頭。打結後以打火機炙燒融化打結處。

22 以鐵鎚將縫合針目敲成平面狀。

23 提把縫合後的狀態。以相同要領完成兩條提把。

製作口袋

製作安裝於包包裡側的口袋。口袋形狀很簡單,由一片皮料摺疊後縫合而成。

對應紙型準備口袋部位的皮料後裁切。

1

2 於距離上邊 14cm 處作記號。記號處為反摺口袋皮料的位置。

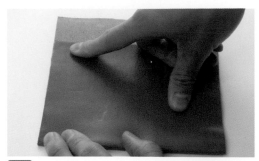

3 由步驟 2 作記號處反摺口袋皮料後，確實地摺出摺痕。

4 於反摺後貼合部位的肉面層邊緣，塗抹白膠寬約3mm。

5 再次反摺本體皮料，對齊位置後，貼合反摺部分。

6 反摺部分的邊緣，以調成寬 3mm 的間距規描畫縫合線。

7 瞄準縫合線後斬打縫孔，反摺部分的邊緣上方也斬打一個縫孔。

8 將縫線穿過前片包身之邊緣上方的縫孔，往邊緣繞縫 1 道線後，以平針縫依序縫合。

9 縫合至終點後進行回針縫，縫好後剪斷縫線，以打火機炙燒線頭後固定住。

10 縫合兩邊後即構成口袋形狀。

11 以砂紙調整縫合部位邊緣的形狀,以沾上 CMC 的帆布打磨修飾。

組裝提把與口袋

口袋與提把一起縫在本體上。實作範例僅將其中一側組裝口袋,但兩側皆可組裝。

1 將紙型擺在本體皮料上,透過紙型作記號戳上提把組裝位置。

2 對齊組裝位置,將提把擺在本體上。

3 將圓錐插入提把的縫孔,將縫孔位置描在本體上。

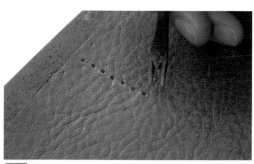

4 瞄準步驟3作的記號,利用圓斬,往本體上斬打縫孔。

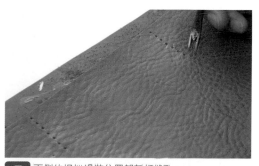

5 兩側的提把組裝位置都斬打縫孔。

6 於本體組裝口袋側的肉面層上作記號，標上組裝口袋的位置。

7 對齊提把組裝位置，確認口袋的組裝情形。

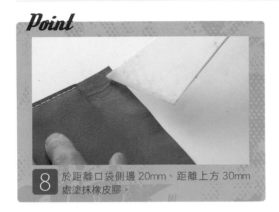

Point

8 於距離口袋側邊 20mm、距離上方 30mm 處塗抹橡皮膠。

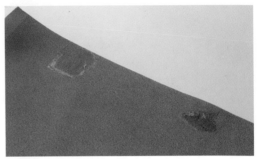

9 本體肉面層的口袋組裝位置也塗抹橡皮膠。

10 將口袋皮料貼在組裝位置。

11 黏貼口袋皮料後，再次將圓斬抵在縫孔位置，往口袋皮料上斬打縫孔。

Point

12 口袋前片底下還有縫孔，因此邊翻動皮料、邊斬打縫孔，以免孔洞打在前片皮料上。

13 橡皮膠塗抹至提把裡側（基本上表裡一樣，因此塗抹任一面皆可）的縫合針目前。

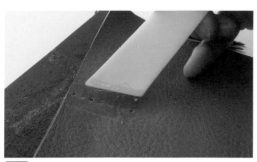

14 往本體表側的提把組裝位置塗抹橡皮膠。

15 將珠針插入縫孔，邊對齊縫孔位置，邊貼合提把與本體。

16 將珠針插入最底下的縫孔，以便對齊提把與本體上的縫孔。

17 本體皮料貼合提把兩端後的狀態。避免提把呈現扭擰狀態。

Point

18 貼合提把與本體後，往本體側斬打另一個縫孔。

Point

19 端部算起第 7 個孔洞位置旁，如圖斬打縫孔。

20 提把部分如圖中狀態去斬打縫孔。

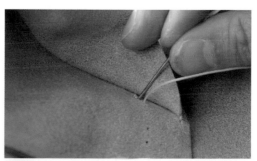

21 縫線穿上縫針後，將其中一端打結。將縫針穿過最下方的縫孔（打在本體上的縫孔）後開始縫合。

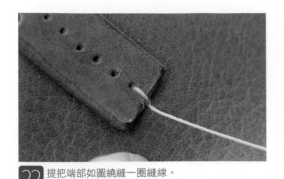

22 提把端部如圖繞縫一圈縫線。

23 由步驟22的狀態往上縫,提把邊緣部位就
會縫上 2 道線。

24 步驟25的縫針穿過縫孔的狀態。

25 縫至第 7 個縫孔後,接著縫合橫向斬打的縫孔。

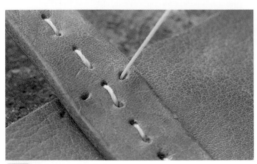

26 請記得保留25的格式縫孔後的狀態。

Point

27 提把邊緣部位繞縫 2 道線,第 2 道線由提
把與本體之間穿出。

28 縫線由提把與本體之間穿出後,穿過本體側正中
央的縫孔(縱向斬打的第 7 個縫孔)。

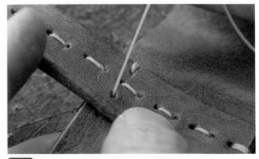

29 縫線穿過本體側後,由皮料裡側朝著外側,穿過
左側的縫孔。

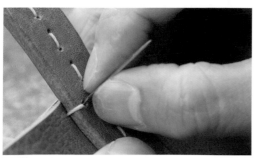

30 由提把的縫孔，往本體側的縫孔，縫上 2 道縫線。

31 提把邊緣繞縫 2 道縫線，縫線穿出裡側後，縫合作業告一段落。

32 縫合至終點，將縫線穿出裡側，預留縫線 2～3mm 後剪斷。

33 以打火機的火炙燒線頭後固定住。

提把縫合成圖中狀態。
34

35 以相同要領縫合提把的另一端。

36 提把與本體縫合後的狀態。

37 本體的另一側不組裝口袋，以相同要領縫上提把。

38 縫線打結後以鐵鎚敲打，促使嵌入皮料裡。

縫合本體

最後，以內縫方式縫合本體。邊角部位的縫份剪出牙口，以便翻回正面後調整出漂亮形狀。

▨ 貼合本體

1 準備本體的前、後包身皮料。基本上為相同形狀，但只有前包身安裝爪珠。

2 除上邊外，前、後包身皮料的另外三個邊的皮面層都塗抹橡皮膠。

3 塗抹的橡皮膠只是暫時固定住皮料，還是必須確實塗抹至邊端，以免縫合過程中固定部位綻開。

4 對齊位置，對齊前、後包身的皮面層後貼合皮料。

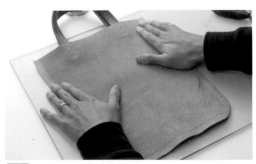

5 確認周圍確實沒有錯開位置後，按壓上方以促使緊密黏合。

■ 縫合

6 距離貼合部位邊緣 12mm 處，以圓規描畫縫合線。

Point

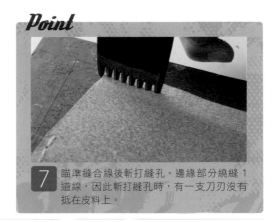

7 瞄準縫合線後斬打縫孔。邊緣部分繞縫 1 道線，因此斬打縫孔時，有一支刀刃沒有抵在皮料上。

8 圓弧狀部位以雙菱斬打上縫孔。

9 另一側上邊的邊緣也繞縫 1 道線，因此調整菱斬間隔後才斬打縫孔。

本體的三邊都斬打縫孔後的狀態。

■ 縫製

Point

11 由第 1 個縫孔穿入縫線，於邊緣繞縫 2 道線後開始縫合。

以平針縫技巧縫合本體周圍。

12

13 縫合終點如同另一側的邊緣，繞縫 2 道線，進行回針縫。

14 縫合至終點後，回針縫數針。

15 預留縫線 2 ～ 3mm 後剪斷，以打火機炙燒後固定住線頭。

■ 攤開縫份

16 以壓叉器剝開縫份，一直攤開至縫合針目部位。

17 於縫合部位邊緣至距離縫合針目 12mm 的範圍內塗抹橡皮膠。

18 本體的兩面都塗抹橡皮膠。

19 攤開縫份後，如圖反摺皮料，貼合本體。

Point

20 邊角部位如圖剪出牙口至縫合針目部位。

21 剪好牙口的邊角部位也剝開後貼合本體。

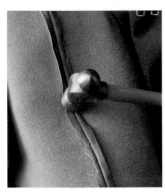

以鐵鎚敲打剝開後貼合的部位，促使緊密黏合。此項作業稱為攤開縫份。

攤開後殘留的橡皮膠，以生膠片擦除。

■ 將本體翻回正面

壓入本體縫合針目部位，將包身翻回正面。

依序壓入整體，即可將包身部位翻回正面。

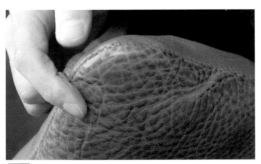

邊角部位確實地壓出至看見縫合針目。

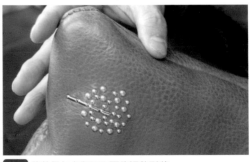

將整個包身翻回正面後調整形狀。

Complete!

完成圖。建議組合其他圖案等，變換出更經典的作品。

ITEM 08

皮帶

以爪珠為裝飾的皮帶，不論男女都適用的基本款流行皮件。安裝的爪珠數量較多，製作時需要多花些時間。不過，只要圖案描畫得很確實，以最基本的爪珠安裝技巧就能完成作品，因此建議不妨挑戰看看。

Belt

Parts 材 料 　構成主圖案的 6mm 爪珠數量高達 100 個以上。

- ❶ 本體：植鞣牛皮／厚4mm
- ❷ 圓形爪珠：黃銅色 6mm × 128
- ❸ 圓形爪珠：黃銅色 3mm × 8
- ❹ 圓形爪珠：黃銅色 4mm × 30
- ❺ 橢圓形爪珠：黃銅色 9.5mm × 4
- ❻ 環狀爪珠＋寶石：黃銅色 12.5mm × 10
- ❼ 橢圓形爪珠：黃銅色 18mm × 4
- ❽ 圓形爪珠：黃銅色 12.5 × 32
- ❾ 牛仔釦：13mm × 2組
- ❿ 皮帶釦：黃銅色·寬40mm

Tools 工 具 　廣泛使用各種尺寸的爪珠，因此使用的鑿子尺寸也增加。

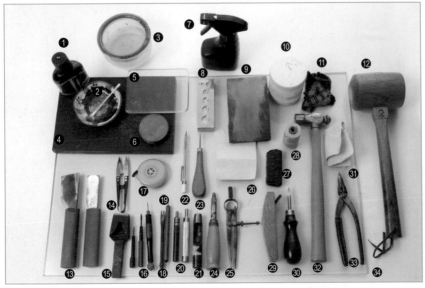

- ⓭ 裁皮刀
- ⓮ 線剪
- ⓯ 皮帶斬：21mm（或 12 號圓斬）
- ⓰ 鑿子：1.5mm·2mm·3mm
- ⓱ 捲尺
- ⓲ 菱斬
- ⓳ 鐵筆
- ⓴ 牛仔釦斬：中
- ㉑ 圓斬：40 號（直徑 12mm）
- ㉒ 銀筆
- ㉓ 圓錐
- ㉔ 螺釘沖頭
- ㉕ 間距規
- ㉖ 墊片
- ㉗ 蠟
- ㉘ 手縫線·手縫針
- ㉙ 小型刨刀
- ㉚ 削邊器
- ㉛ 帆布
- ㉜ 鐵鎚
- ㉝ 夾鉗
- ㉞ 塑膠板

- ❶ 染料：焦茶色
- ❷ 小盤子·棉花棒
- ❸ CMC
- ❹ 橡膠板
- ❺ 玻璃板
- ❻ 磨緣器
- ❼ 噴水壺
- ❽ 萬用環狀台
- ❾ 砂紙
- ❿ 白膠
- ⓫ 布塊
- ⓬ 木槌

加工處理皮帶本體

製作寬40mm的皮帶。市面上就能買到裁成寬40mm的皮料，建議善加利用。

1 將紙型擺在皮料上，以銀筆描上形狀。

2 皮帶釦的長形孔中央，到正中央的插銷固定孔為止，全面配置圖案。

3 調節長度後，裁掉多餘皮帶皮料。

4 配合紙型，裁切皮帶的前端部位。

Point

5 斬打皮帶釦部位的長形孔時，可使用皮帶斬，或以12號圓斬打好兩個圓孔後連結成長形孔。

6 利用圓斬於長形孔兩端斬打圓孔後的狀態。

7 以圓斬打上圓孔後，利用裁皮刀（使用美工刀也OK），裁切兩孔之間的皮料，連結成長形孔。

8 刀刃寬度大於孔洞長度,因此由另一側下刀,以壓切方式裁切終點部分。

9 將皮帶釦安裝孔(插入插銷的孔洞)裁切成圖中狀態。

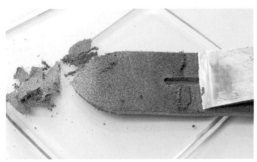

10 反摺皮帶釦安裝部位後,需以牛仔釦固定住,因此由長形孔部分開始斜斜地打薄皮料。

11 以裁皮刀打薄皮料至相當程度後,利用小型刨刀,將形狀削切得更平順。

12 將安裝皮帶釦側打薄成圖中形狀。此部分必須打薄才能順利地安裝皮帶釦。

皮帶的事前修飾作業

安裝爪珠前,先打磨皮帶皮料、固定皮帶尾端的皮帶環皮料的肉面層以及皮料邊緣。

1 裁好製作皮帶的皮料後,以砂紙打磨邊緣,調整形狀。

2 調整形狀後，以削邊器進行削邊，再削除稜邊。

3 肉面層也別忘記，必須確實地削除稜邊。

4 消除稜邊後，以砂紙打磨，將皮料邊緣調整為近似半圓形。

5 以砂紙打磨成形後，將皮料邊緣處理成本體顏色或染上較深的顏色。

Point

皮帶釦部分的長形孔內側邊緣也以染料進行染色。

6

7 皮帶環皮料兩端的肉面層，斜斜地打薄成 1mm 左右。

8 皮帶環皮料的長邊以削邊器削邊後，削除稜邊。

9 長邊的肉面層也削除稜邊。

10 皮帶釦皮料邊緣以砂紙打磨成形後,像本體那樣以染料進行染色。

11 以沾上 CMC 的帆布打磨皮帶的皮料邊緣,小心打磨以免皮面層沾到 CMC。

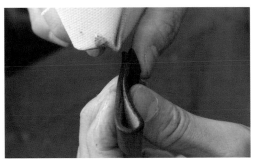

12 皮帶環的皮料邊緣也以沾上 CMC 的帆布打磨。

13 皮帶皮料的肉面層也沾上 CMC 的帆布打磨。

14 皮帶皮料的肉面層以帆布打磨後,再以玻璃板打磨修飾。

15 以沾上 CMC 的帆布,打磨皮帶環皮料的肉面層。

16 同皮帶皮料的肉面層,皮帶環皮料的肉面層也以玻璃板打磨修飾。

17 CMC 乾掉後，往皮料邊緣塗蠟。

18 塗蠟後，再以木製磨緣器確實地打磨皮料邊緣。

19 最後，以柔軟的布塊打磨修飾皮料邊緣。

20 皮帶環的皮料邊緣也塗蠟後，以木製磨緣器與布塊打磨處理得更細緻。

21 皮料邊緣確實地打磨，處理出圖中般的光澤。

作記號壓上爪珠的安裝位置

擺好紙型，作記號壓上爪珠的安裝位置。其次，作記號標出縫針目與斬打皮帶孔的位置。

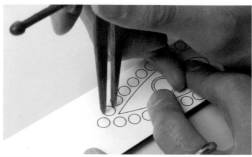

1 以間距規作記號，壓上最主要的 6mm 圓形爪珠的安裝位置。

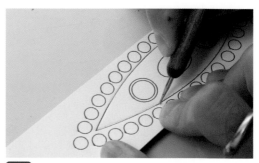

2 皮料表面以鐵筆描上縫針目的導引線。

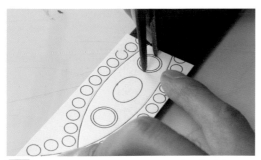

3 主要圖案上會安裝 2 個 12.5mm 的環狀爪珠。

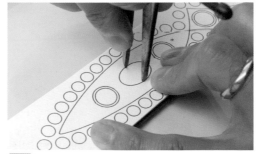

4 安裝在主要圖案上的 18mm 橢圓形爪珠的安裝位置，也以間距規壓上記號。

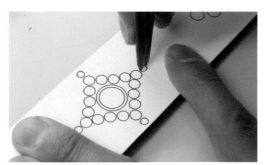

5 中央的圖案由 3mm 與 4mm 的圓形爪珠以及 12.5mm 的環狀爪珠構成。

Point

6 隨時翻開紙型，確認毫無遺漏地壓上記號。

7 兩個主要圖案都以相同要領作上記號。

8 劍尖圖案由 3mm 與 4mm 的圓形爪珠、12.5mm 的環狀爪珠、9.5mm 的橢圓形爪珠構成。

9 以鐵筆描上皮帶孔位置。

Point

10 事先以銀筆描過，就不會找不到斬打皮帶孔的位置。

11 壓上主要圖案的記號後的狀態。有些皮料作記號後很容易消失，需留意。

瞄準記號鑿上孔洞

依序鑿上爪珠的安裝孔與斬打縫針目的縫孔。以符合釘腳尺寸的鑿子，鑿上爪珠的安裝孔。

1 鑿爪珠安裝孔時，必須使用符合各釘腳寬度的鑿子。

2 以 2mm 的鑿子，鑿上 6mm 圓形爪珠的安裝孔。

Check

皮帶皮料非常厚，確認安裝孔確實地貫穿皮料吧！

瞄準記號，鑽上所有的 6mm 圓形爪珠的安裝孔。

3

4 12.5mm 的環狀與圓形爪珠、18mm 的橢圓形爪珠的安裝位置，以 3mm 鑿子鑿上安裝孔。

5 瞄準先前描畫的縫合線，以圓斬壓上記號後，斬打縫針目部分的縫孔。

6 主要圖案鑽上爪珠安裝孔與斬打縫針目的縫孔後的狀態。確認毫無遺漏地完成所有的孔洞。

7 以符合各爪珠釘腳寬度的鑿子，依序鑿上中央圖案的爪珠安裝孔。

8 鑽上另一個主要圖案的爪珠安裝孔與斬打縫針目的縫孔。

9 劍尖圖案也一樣，以符合爪珠釘腳尺寸的鑿子，依序鑿上安裝孔。

10 劍尖圖案鑿上爪珠安裝孔後的狀態。

縫裝飾針目

縫主要圖案上的裝飾針目，針目予人的印象會因使用的縫線粗細度而不同，建議依喜好變換顏色。

1 從哪一個縫孔開始都無妨，但需牢記縫針目起點必須回針縫。

2 縫上裝飾針目，留意縫線的鬆緊度與交叉方向的一致性，以便縫出整齊漂亮的針目。

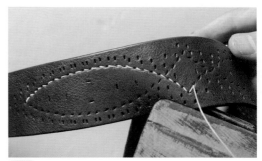

3 針目必須完全串連在一起，因此，宛如一筆劃般一氣呵成地縫上漂亮針目。

4 縫上一整圈裝飾針目後的狀態。縫針目終點重複縫上針目後，將縫線穿出裡側。

穿出裡側後剪斷縫線，將線頭抹上白膠固定住。

5

安裝爪珠

四個圖案分別插入爪珠。安裝的
爪珠數量較多,需要聚精會神地
完成。

■ 將爪珠插入主要圖案的安裝孔

Point

1 以 40 號圓斬切出墊片。

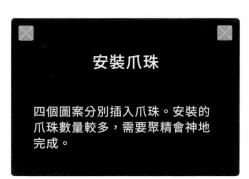

2 準備環狀爪珠、寶石、切好的墊片。

3 撕掉墊片的背紙。

4 將墊片貼在寶石的背面。

5 將貼好墊片的寶石,裝入環狀爪珠的邊框,摺彎
鑲爪後固定住。

6 將環狀爪珠安裝成圖中的狀態。其他部分使用的
環狀爪珠也以相同要領完成組裝。

7 將環狀爪珠插在皮帶上。

8 安裝圖案正中央的 12.5mm 圓形爪珠。

9 摺彎圓形爪珠的釘腳。

10 環狀爪珠的釘腳也摺彎，以鐵鎚分別敲打，促使釘腳嵌入肉面層。

11 12.5mm 環狀爪珠與圓形爪珠安裝後的狀態。

12 依序安裝 6mm 圓形爪珠。

13 依序插入 6mm 圓形爪珠後，圖案的輪廓越來越鮮明。

14 插入 6mm 圓形爪珠至圖案的二分之一後，先摺彎釘腳，固定住其中一半的爪珠。

15 確認釘腳穿出肉面層後的情形，以適當的方法依序摺彎釘腳。

16 安裝 6mm 圓形爪珠，摺彎所有的釘腳後的狀態。

以鐵鎚的圓頭敲打，促使釘腳嵌入肉面層，再以平面側敲打，儘量處理成平面狀態。

17

18 安裝 6mm 圓形爪珠，圖案的輪廓線完成一半後的狀態。

依序插入另外一半的 6mm 圓形爪珠。

19

20 插入另外一半 6mm 圓形爪珠後，摺彎釘腳以固定住爪珠。

21 如同先前步驟，以鐵鎚敲打促使釘腳嵌入肉面層。

將 18mm 橢圓形爪珠，插入環狀爪珠之間。

22

以基本的 2 階段摺彎法處理釘腳，固定住橢圓形爪珠。

23

24 以鐵鎚的圓頭敲打，促使 18mm 橢圓形爪珠的釘腳嵌入肉面層。

25 最後，以鐵鎚的平面側敲打，促使釘腳更確實地嵌入肉面層。

26 安裝 2 個 18mm 橢圓形爪珠後，即完成主要圖案。

■ 將爪珠插入中央的圖案

27 準備將爪珠插入中央的圖案（位於兩個主要圖案之間）。

28 間隔 1 個安裝孔，依序插入主要的 4mm 圓形爪珠。

29 插入 4mm 爪珠至圖中狀態後，先摺彎釘腳以固定住爪珠。

30 摺彎釘腳。這部分的爪珠安裝位置距離非常近，若所有的爪珠一起插入，將增加摺彎釘腳的困難度。

摺彎釘腳後，以鐵鎚敲打，促使釘腳嵌入肉面層。

31

32 4mm 圓形爪珠安裝一半後的狀態。

33 將剩下的 4mm 圓形爪珠，依序插入先前安裝的爪珠之間。

34 4mm 圓形爪珠都插入後，依序摺彎釘腳。

Point

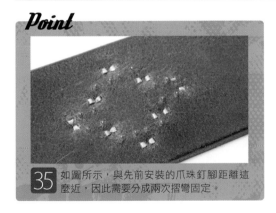

35 如圖所示，與先前安裝的爪珠釘腳距離這麼近，因此需要分成兩次摺彎固定。

摺彎釘腳，以鐵鎚敲打，促使釘腳嵌入肉面層。

36

37 完成 4mm 圓形爪珠安裝作業後的狀態。

38 插入圖案邊角部位的 3mm 圓形爪珠。

39 插入 4 個邊角部位的 3mm 圓形爪珠。

40 因皮帶皮料相當厚，3mm 爪珠穿過皮料後，釘腳會比較短，摺彎困難度相對升高。

41 出現這種情形時，必須邊由皮料正面按壓爪珠，邊以夾鉗拉高釘腳後依序摺彎。

42 從事精細作業時需要熟練的技巧。感覺困難時，先利用零頭皮料練習過後再來挑戰吧！

摺彎 3mm 圓形爪珠的釘腳後，以鐵鎚敲打促使嵌入肉面層。

43

44 將圖案中心的 12.5mm 環狀爪珠插入安裝孔。

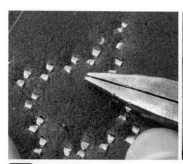

45 摺彎釘腳後，以鐵鎚敲打促使嵌入肉面層。處理後即完成中心圖案。

◪ 將爪珠插入劍尖圖案的安裝孔

46 將爪珠依序插入劍尖圖案的安裝孔。

47 如同中心圖案，間隔一個安裝孔，插入安裝後會緊靠在一起的 4mm 圓形爪珠。

摺彎釘腳，固定住事先插入安裝孔的 4mm 圓形爪珠。

48

以鐵鎚敲打促使釘腳嵌入肉面層，直至觸摸時不會刮到手為止。

49

50 插入 9.5mm 的橢圓形爪珠。

51 摺彎釘腳，以鐵鎚敲打促使釘腳嵌入肉面層。

52 安裝 9.5mm 橢圓形爪珠後的狀態。

插入剩下的 4mm 圓形爪珠，摺彎釘腳後，以鐵鎚敲打促使嵌入肉面層。

53

54 所有的 4mm 爪珠安裝後的狀態。

55 插入 3mm 的圓形爪珠。

56 摺彎 3mm 圓形爪珠的釘腳後，以鐵鎚敲打促使嵌入肉面層。

57 安裝 3mm 圓形爪珠後的狀態。

58 最後，插入中心的 12.5mm 環狀爪珠。

以夾鉗摺彎釘腳後，以鐵鎚敲打促使釘腳嵌入肉面層。

59

劍尖圖案也完成了。爪珠安裝作業就此告一段落。

60

皮帶的最後修飾

完成圖案後，安裝帶釦與組裝皮帶環，鑿上皮帶孔即完成作品。

1 將紙型擺在皮料上，作記號標上牛仔釦的安裝位置。

■ 本體的前置作業②

2 瞄準步驟❶作的記號，以螺釘沖頭打上 3mm 的安裝孔。

3 往摺彎部位的長形孔部位噴水。不使用噴水壺，以手指沾水後塗抹也 OK。

4 由長形孔中央反摺皮帶。

Point

5 反摺皮帶端部的狀態下，在可對齊步驟❷斬打孔洞的位置上作記號。

6 瞄準步驟❺作的記號，以螺釘沖頭打上 3mm 的安裝孔。

Point

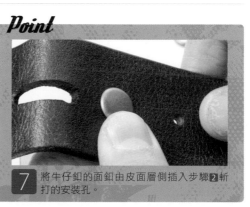

7 將牛仔釦的面釦由皮面層側插入步驟❷斬打的安裝孔。

8 面釦穿出肉面層後,將彈簧(母釦)插入面釦的
釦腳端部。

9 將面釦擺在萬用環狀台的凹處,敲打牛仔釦斬,
鉚合固定彈簧與面釦。

10 另一個孔洞同樣安裝牛仔釦的彈簧側。

Point

11 皮料前端的安裝孔,安裝牛仔釦的公釦。
由皮面層將腳管插入安裝孔。

12 確認腳管穿出肉面層的長度為 3mm 左右。

13 將公釦插入腳管端部。

14 將腳管擺在萬用環狀台的背面,敲打牛仔釦斬,
鉚合固定腳管與公釦。

15 另一個安裝孔同樣安裝牛仔釦的公釦。

16 安裝彈簧（母釦）與公釦後，反摺皮料端部，反覆地打開與扣上彈簧釦數次，確認釦件確實安裝得很牢固。

17 將皮帶環皮料擺在安裝位置，確認長度與寬度。

■ 製作皮帶環

18 將皮帶環皮料的短邊併在一起，菱斬的刀刃跨越兩側皮料的銜接處，作記號壓上斬打縫孔的位置。

19 瞄準步驟18壓上記號的位置後斬打縫孔。

20 縫線的其中一端打結後，由皮帶環皮料裡側穿過縫孔。

21 對齊皮帶環皮料的短邊，縫線如圖穿向另一側的縫孔。

22 縫線穿出裡側後，再斜向穿過上方縫孔,回到表側。

23 步驟22的縫線穿出表側後，從對面側的縫孔穿出裡側。

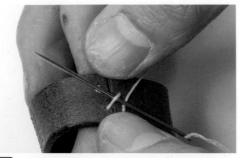

24 皮帶環皮料翻向背面後準備將縫線打結。首先將縫線前端穿過斜向的縫線底下。

25 穿過縫線後，直接在斜斜的縫線上繞一圈，再打一個結。

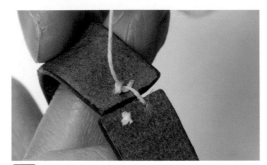

26 打兩次結後固定住縫線。

27 打結固定後剪斷多餘的縫線，再以鐵鎚將打結處敲得更服貼。

28 將皮帶環翻回正面。完成皮帶環。

■ 安裝皮帶釦

29 將皮帶環套在皮帶釦的安裝側。

Point

30 安裝皮帶釦。留意皮帶釦安裝方向，將插銷穿過長孔。

31 插銷穿過長孔後，如圖摺疊皮帶端部，扣上牛仔釦。

32 皮帶釦安裝後狀態。皮帶環套在兩個牛仔釦之間。

最後以 4mm 螺釘沖頭斬打皮帶孔。

33

Complete!

完成圖。重點在於扣住正中央的皮帶孔時，圖案就會均等地位於左右兩側。

159

Kengo Mizutani

以爪珠描繪圖案完成魅力無窮的皮件作品

負責監修本書與示範作品，廣泛製作爪珠皮件作品的設計師兼皮革工藝家
水谷研吾。

原本為設計師同時也是重機族的水谷，從事皮件製作後，發現最
適合表現自己設計風格的是爪珠。開始投入爪珠創作時，日本國內
並不容易找到品質優良的爪珠，因此都是以個人進口方式，直接與
美國 Standard Rivet 公司（※ 目前，Standard Rivet 公司的日本總
代理為 Stars Trading 公司）洽購爪珠後完成作品。陸續以爪珠完
成獨特圖案，以「惡 G 堂」品牌名稱展開經營，以爪珠為裝飾創作
「成人用後背包」等皮件作品的日本知名爪珠藝術名家。

水谷研吾
廣泛製作爪珠皮件作品的
設計師兼皮革工藝家。

Information
URL: http://www.wcyan.com

1. 妝點工作室的各種爪珠作品。「成人用後背包」為電視或雜誌媒體多次報導的
精緻作品。2. 各種圖案的皮帶。從作品上就能感覺出爪珠的無限潛力。

紙型

- 本書中所附的紙型包括了將原尺寸縮小 50％的紙型。使用縮小版紙型時，請影印放大 200％。
- 影印後，請以橡皮膠或固體膠料，將紙型貼在卡紙等厚紙上，正確地裁切後使用。
- 使用的紙型可能因皮料種類或厚度等因素，而必須進行調整。
- 本書中介紹的作品與紙型，禁止擅自複製或販售，僅限個人享受作品製作樂趣的範圍內使用。
- 紙型上的爪珠為標準尺寸，但可能因爪珠種類或批號不同而出現誤差。鑿安裝孔時，請依據實際使用的爪珠尺寸進行微調。

鑰匙圈①

本體 (100%)

P.42

手環

本體 (100%)

P.34

透視窗框
（50%）

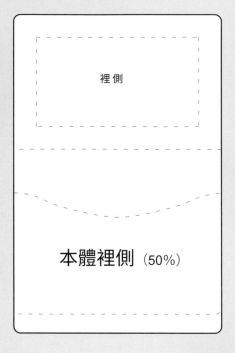

裡 側

本體裡側 （50%）

本體 （50%）

正面

卡片夾層B
（50%）

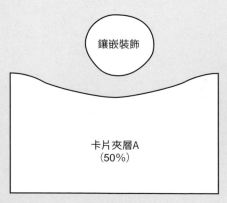

鑲嵌裝飾

卡片夾層A
（50%）

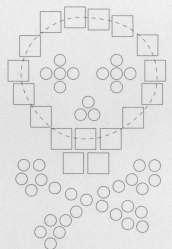

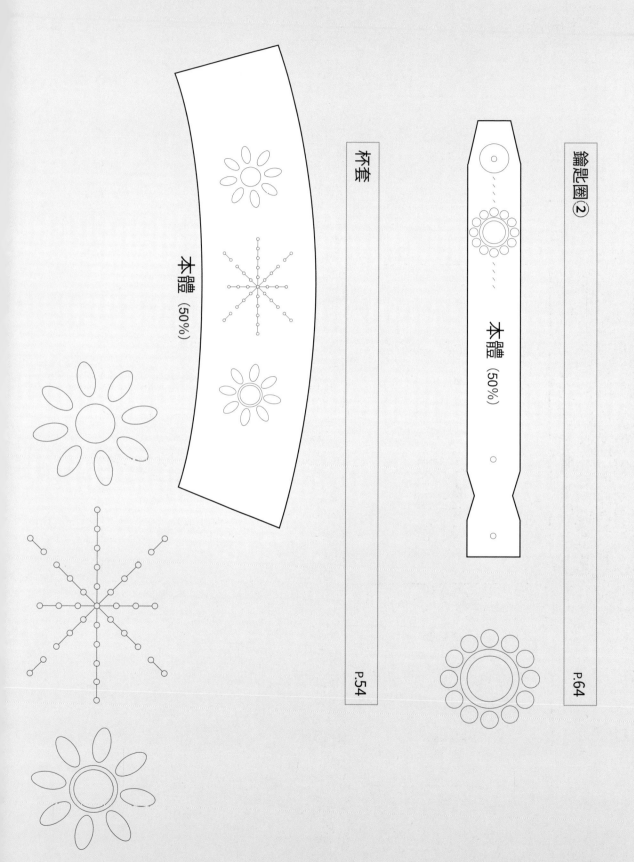

杯套 　本體 (50%)　P.54

鑰匙圈 ②　本體 (50%)　P.64

163

提把組裝位置

口袋組裝位置　　　　　　　　　　　　　　　　口袋組裝位置

本體正面
（50%）

※背面不安裝爪珠

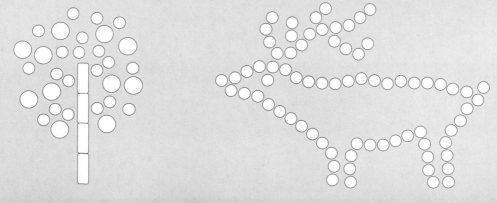

口袋 （50%）

摺疊

提把 ×2 （50%）

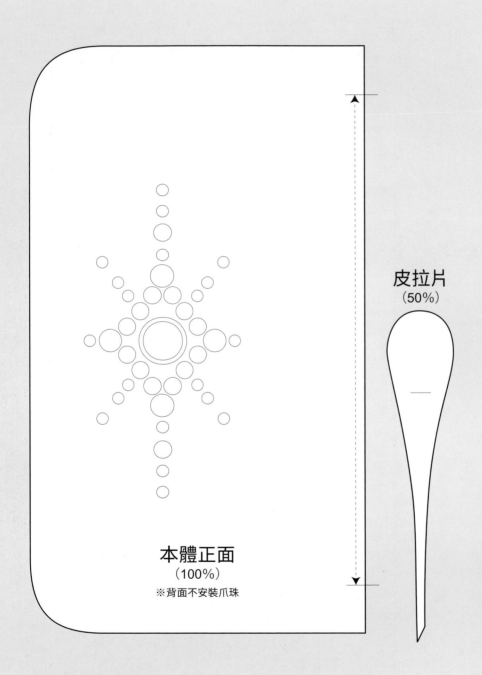

本體正面
（100%）
※背面不安裝爪珠

皮拉片
（50%）

本體
（50%）

整體圖

描銷to皮帶孔 86cm

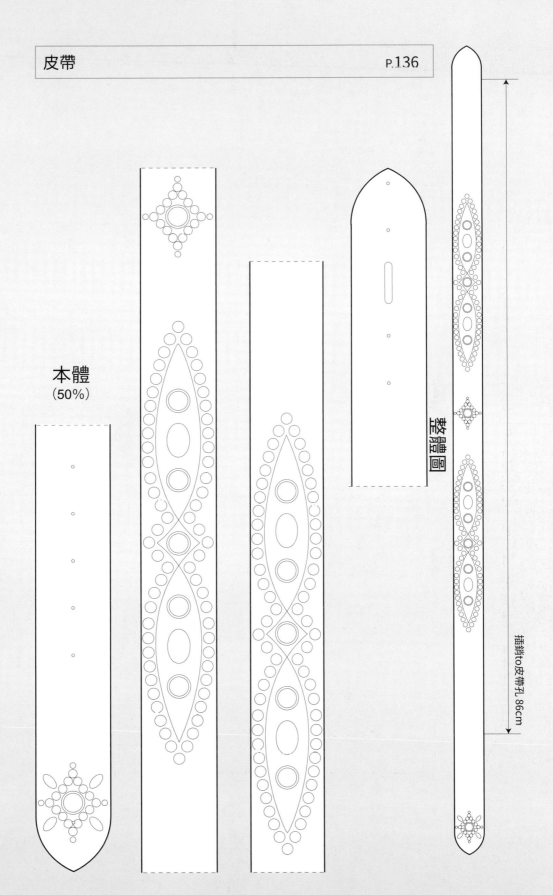

原創品味！可放手機的皮革長夾

定價 400 元　18.2×25.7cm　192頁　彩色

職人傳授的紮實入門功
六款長夾讓你習得手工皮革工藝的基礎技法

　手機總是無處可放？現在就讓職人教你親手製作可搭配手機品味的質感長皮夾！內附詳盡圖文作法解說 & 六款長夾紙型

　舉凡像是皮夾、錢包、收納袋等配件，都是我們生活中慣用的必備小物。對於它們的功能性和內部空間配置等過去被認為是理所當然的小細節，其實在製作工法上都有著讓成品更加美觀實用的學問。

　本書選用長夾為主題，邀請多位專家職人以實作方式向大家傳授手工皮革工藝的基礎技法。初學者可由基本款的二折長夾開始學習基礎製作方式，接著依序進展到其他五種款式，逐步摸索不同形式的巧妙變化，進而累積剪裁、材料處理、貼合、縫製、配件安裝、修飾、裝飾加工多種技巧的製作經驗。待學習者將書中技巧融會貫通之後，就能以此為基底，進階挑戰更加複雜、或是個人原創品味的皮件製作。

　書中介紹的二折長夾、拉鏈包款長夾、手拿包款長夾、口金長夾、L形拉鏈長夾、全開口拉鏈長夾等六種款式，不僅各自具備不同的素雅外觀以及空間機能，設計上也都可以作為手機收納袋使用。風格簡約、製作好上手，卻又不失質感與實用性。

瑞昇文化　http://www.rising-books.com.tw

＊書籍定價以書本封底條碼為準＊　購書優惠服務請洽：TEL：02-29453191 或 e-order@rising-books.com.tw

瑞 昇 文 化
粉絲頁

無印極簡風！新手皮革自學

定價 350 元　18×21cm　180 頁　彩色

最樸實的材料、最簡單的感動，
《新手皮革自學》讓你擁有最獨一無二的設計──

　　時尚不繁瑣、低調又充滿個性，擁有獨特香氣的皮革小物是很多人所嚮往，甚至是一種品味的堅持，不同於布面材質容易磨損和沾染灰塵，皮革則完全不用擔心這些，在耐磨又耐用的特性，隨著歲月洗禮，會顯得更有個人風格。

　　本書從十種最基本的皮革配件開始做起，製作過程、步驟和基礎，跟著專家一步一步做，從基礎先掌握知識和技術，實際操作起來必定得心應手、如魚得水！

　　無論是簡約的設計或細膩的縫線，還是獨特的風格和氣息，尤其素材的自由度很高，可以透過各式各樣的創意完成實際的形體，現在立刻讓你一次體驗超越這份超值的幸福，馬上自己動手做做看吧！

瑞昇文化　http://www.rising-books.com.tw

＊書籍定價以書本封底條碼為準＊　購書優惠服務請洽：TEL：02-29453191 或 e-order@rising-books.com.tw

瑞昇文化
粉絲頁

INDIAN

慢縫細活

IN LOVE WITH
LEATHER CRAFT

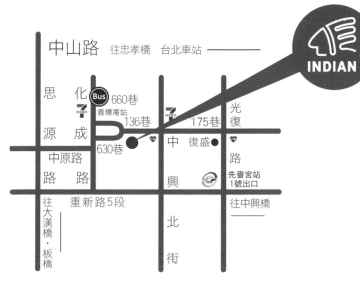

TITLE

時尚爪珠皮革

STAFF

ORIGINAL JAPANESE EDITION STAFF

出版	三悅文化圖書事業有限公司
監修	水谷研吾
譯者	林麗秀

カメラマン　小峰秀世

總編輯	郭湘齡
責任編輯	蔣詩綺
文字編輯	黃美玉　徐承義
美術編輯	謝彥如
排版	朱哲宏
製版	明宏彩色照相製版股份有限公司
印刷	桂林彩色印刷股份有限公司

法律顧問	經兆國際法律事務所　黃沛聲律師

戶名	瑞昇文化事業股份有限公司
劃撥帳號	19598343
地址	新北市中和區景平路464巷2弄1-4號
電話	(02)2945-3191
傳真	(02)2945-3190
網址	www.rising-books.com.tw
Mail	deepblue@rising-books.com.tw

初版日期	2017年11月
定價	400元

國家圖書館出版品預行編目資料

時尚爪珠皮革 / 水谷研吾監修 ; 林麗秀
譯. -- 初版. -- 新北市 : 三悅文化圖書,
2017.11
176面 ; 18.2 x 25.7公分
ISBN 978-986-95527-0-7(平裝)

1.皮革 2.手工藝

426.65　　　　　　　106017400